AF544059

Kerstin Fingerhut-Pluskat

Australian Shepherd & Miniature American Shepherd

Kerstin Fingerhut-Pluskat

AUSTRALIAN SHEPHERD

& MINIATURE AMERICAN SHEPHERD

LEITFADEN FÜR HALTER UND ZÜCHTER

Oertel+Spörer

Bildnachweis:
Titelbild: Linda Pfeiffer
Innenteilbilder:
Nadja Baron S. 94 o.; Jenny Barth S. 116; Marika Bartiromo S. 187; Jenny Bengs S. 12; Ulrike Bode S. 104; Céline Boucher S. 22, 34 u.; Jagoda Czarnecka S. 124, 127; Cornelia Duff S. 59; Julia Ernesti S. 92; Linda Etoll S. 18, 65; Kerstin Fingerhut-Pluskat S. 101 o., 128, 131; Tanja Flügel S. 150; Katja Fritzsche S. 54; Ramona Gebl S. 140; Kim Göbelsmann S. 76; Nadja Haas S. 32, 137; Sophie Haberer S. 159; Nadine Hagemann S. 41 o.; Hartnagle S. 14; Sindy Hendel S. 25, 75, 113, 168; Miriam Herrfurth-Kölling S. 185; Jovanka Hilke S. 51; Jenny Holler S. 20, 94 u.; Darline Jeschke S. 39, 70, 77, 98; Nina Krammer S. 74, 96, 97; Carola Kühl S. 183; Gaby Küster S. 90; Tina Kupke S. 42 l.; Gabriele Lehari S. 21, 28, 34 (3) o., 55, 146 u., 148, 161; Patricia Lösche S. 176; Linda Pfeiffer S. 73, 108, 110 (2), 111 (4), 112 (4), 115; Johanna Reumann S. 31; Susanne Rose S. 41 u.; Wiktor Rzeczkowski S. 138; Jenny Schmied S. 118; Nina Schneider S. 184, 189; Denise Schiller S. 16, 36 u.r., 37, 38, 53, 68, 82, 86, 87, 88, 100, 109, 136, 178, 186; Nadine Schott 42 r.; Steffi Schur S. 171; Christina Sterk S. 125; Eva Stöger S. 85; Veronica Theiler S. 99; Ann-Shirin Trauth S. 95; Kim Wachtmeister S. 26 , 33 l., 57, 61, 64, 66, 69, 81, 93, 101 u., 105, 107, 124, 130, 133, 134, 139, 141, 144 (2), 145, 146 o. 147, 151, 153, 157, 160, 162, 163, 166, 182; Wioleta Walocha S. 36 u.l., 122; Tanja Weber S. 102, 143 (3); Simone Wehling S. 180; Yvonne Wiesner S. 8, 24, 33 r., 49, 62, 158, 165; Sarah Wunsch S. 84; Kelly Zrb S. 43.
Grafiken und Illustrationen:
Kerstin Fingerhut-Pluskat S. 48, 49, 50, 52, 53
Ester Nagy S. 35, 36, 44, 45, 46, 47

Bibliografische Information der Deutschen Nationalbibliothek
Die Deutsche Nationalbibliothek verzeichnet diese Publikation in der Deutschen Nationalbibliografie; detaillierte bibliografische Daten sind im Internet über http://dnb.d-nb.de abrufbar.

Postfach 1642 · 72706 Reutlingen

Lektorat: Dr. Gabriele Lehari
DTP und Repro: raff digital gmbh, Riederich
Druck und Einband: FINIDR, s.r.o., Tschechische Republik
ISBN 978-3-96555-148-0

Inhalt

Hinweis für Lesbarkeit
Für eine bessere Lesbarkeit wird auf die gleichzeitige Verwendung der Sprachformen männlich, weiblich und divers (m/w/d) sowie *innen in diesem Buch verzichtet. Sämtliche Personenbezeichnungen gelten gleichermaßen für alle Geschlechter.

Kamerad fürs Leben

Der Australian Shepherd – ein treuer Begleiter
mit einem Herz so groß wie das Outback
und einer Intelligenz, die die Sterne zum Leuchten bringt.
In seinen Augen spiegelt sich die Weisheit der Wüste wider
und in seinem Spiel die Unendlichkeit des Ozeans.
Ein Kamerad fürs Leben, der mit jedem Pfotenabdruck unsere Herzen erobert
und uns lehrt, dass wahre Schönheit im Wesen eines Hundes liegt.

Geleitwort von Jeanne Joy Hartnagle-Taylor

The Australian Shepherd breed is rooted in working ranch dogs ... first and foremost. The qualities that make them great stockdogs enable them to excel as performance dogs and, sagacious companions. Kerstin Fingerhut-Pluskat has always been fascinated with dogs. She started participating in dog sports at a very young age which eventually led her to breeding and training Aussies. This experience gives her insight on how Australian Shepherds think and why they do what they do. The breed's handsome appearance and great popularity requires education. Kerstin's book about the breed is an essential guidebook with valuable and practical tips for first-time owners of Australian Shepherds and also for new breeders. I hope this book answers any questions the reader may have about the breed and make known the importance of giving Aussies a meaningful job to create the Ultimate canine companion.

Jeanne Joy Hartnagle-Taylor

Vorwort

Ein Buch zu schreiben ist ein spannendes Abenteuer und mit der Zeit ein immer größer werdender Wunsch meinerseits gewesen – allerdings mit ungewissem Ausgang, denn es ist nicht vorhersehbar, wie die Leser reagieren werden. Ein neues Buch zu schreiben ist eine große Herausforderung, denn neue wissenschaftliche Erkenntnisse oder Gesetze, die heute noch aktuell sind, können morgen schon veraltet sein. Doch die Liebe zur Rasse und vielen Menschen, die hinter diesem Projekt stehen, haben mich überzeugt, dieses Buch zu schreiben. Es ist eine absolute Herzenssache, in diesem Buch stecken viele Erfahrungen, Liebe, Zeit und der Wunsch, die Qualität in der Zucht und Haltung unserer Hunde zu verbessern.

Ich befasse mich seit 2002 mit dem Thema Hundezucht. 2006 zog mein Seelenhund Finn ein, ein wunderschöner Australian Shepherd in Black tri, kurz darauf seine Schwester Crazy, mit der ich dann meinen ersten Wurf 2008 großgezogen habe.

Finn war nicht mein erster Hund. Seit meinem 4. Lebensjahr betreibe ich aktiv Hundesport und hatte immer Hunde um mich herum. Meine Liebe zu den Hütehunden fing mit den Border Collies an. Mich faszinierten diese schönen, aber vor allem intelligenten Hunde. So lernte ich 2001 Kirstin Piert kennen. Sie plante gerade ihren ersten Wurf Border Collies. Und auch wenn ich aus ihrem A-Wurf keinen Welpen zu mir nahm, brachte sie mich auf den Weg in die Züchterwelt. Ich durfte mit ihrer Hündin Kermeter Kennel I´m Lucy beim Juniorhandling starten, passte auch mal auf ihr Rudel auf und lernte die Arbeit an Schafen kennen. Kirstin hat einen großen Teil dazu beigetragen, dass meine Liebe zu den Hütehunden immer größer wurde. An dieser Stelle vielen lieben Dank Kirstin, bleib wie du bist.
Auch zog später noch ein eigener Border Collie ein. Ich war die fünfte Besitzerin und Gina hatte schon einiges erleben müssen, leider nicht immer positiver Natur. Sie kam aus einer reinen Arbeitslinie, viele waren mit ihr überfordert und sie war dadurch hochgradig aggressiv, was sich aber durch viel Training korrigieren ließ. Dies war unter anderem auch der Besitzerin vor mir zu verdanken. Obwohl ich die Border Collies liebte, faszinierten mich die Aussies immer mehr. Der Wunsch nach einem Australian Shepherd wuchs stets und so kam ich dann durch einen Zufall an Finn und seine Schwester Crazy.
Es war nicht leicht als Neuling in der Zucht; viele Züchter, die schon lange in dem Bereich tätig waren, waren einfach nicht bereit, bei Fragen zu helfen, man musste sich mühsam selbst alles erarbeiten. Hätte ich damals das Wissen von heute gehabt, hätte ich vieles anders gemacht, vor allem in Bezug auf Verpaarungen.

Und dies ist mein Ziel mit diesem Buch: Menschen, die vielleicht zum ersten Mal einen Aussie besitzen oder mit dem Gedanken spielen, selbst zu züchten, mein Wissen und meine Erfahrungen weiterzugeben und ihnen damit unter die Arme zu greifen. Ich hoffe, dass es mir gelungen ist, ein Buch vorzulegen, das Hundehaltern, Züchtern und allen am Aussie und an seinem kleinen Vetter Interessierten Informationen und Rat geben, aber auch Lesevergnügen bereiten wird.

Kerstin Fingerhut-Pluskat

Die Geschichte des Australian Shepherd

Der Australian Shepherd ist ein auffälliger und keineswegs unbekannter Hund. Bekannt zu sein bringt aber nicht immer nur Vorteile, denn in den letzten Jahren mutierte diese Rasse zum absoluten Modehund. Gefühlt erlebte diese Rasse ihren Höhepunkt in der Corona-Zeit, denn plötzlich wollte jeder einen Hund und viele sahen dort ihre Chance, das schnelle Geld zu machen und vermehrten drauflos. Das dies alles andere als gut für die Rasse und auch für die Hunde war, kann sich sicherlich jeder denken. Viele wussten nicht einmal, was sie dort eigentlich an der Leine haben, haben sich nicht informiert und oft endete das für den Hund im Tierheim oder einem Kleinanzeigen-Portal im Internet.

Ich erinnere mich an eine witzige Situation, da brachte ich die Unterlagen meiner Welpen zur Post, um diese nach Amerika zur ASCA zu senden. Die Frau am Schalter war ganz irritiert und meinte: „Gute Frau, da liegt ein Fehler vor, Sie meinten sicherlich Australien, auf dem Umschlag steht USA." Ich musste so lachen und klärte sie dann auf. Wenn jemand gar keine Verbindung zu dieser Rasse hat, kann ich das nachvollziehen, aber als Halter und Züchter muss man einfach wissen, wie die Geschichte dieser Rasse ist und vor allem wofür diese Rasse gezüchtet wurde, denn wenn man das weiß und versteht, macht es den Umgang mit diesen Hunden etwas einfacher.

Wie alles begann

Ernie Hartnagle, ein Amerikaner, kehrte im Jahr 1946 nach zweieinhalb Jahren Dienst in der 7. Pazifikflotte des Zweiten Weltkriegs nach Hause zurück. Trotz seiner jungen 20 Jahre war auch er wie viele andere Veteranen seiner Generation stark von den gemachten Erfahrungen geprägt. Diese Prägung wurde besonders wichtig, da sein Vater während Ernies Abwesenheit bei der Marine verstarb. Als ältestes Kind übernahm Ernie nach seiner Rückkehr die Rolle des Familienoberhauptes.
Diese neue Verantwortung beinhaltete auch die Bewirtschaftung der familieneigenen Ranch in Boulder, die knapp 100 Hektar groß war. Die Ranch wurde von Ernies Eltern bereits im Jahr 1929 erworben. Durch harte Arbeit und mit Unterstützung seiner Mutter, seiner beiden Brüder und seiner Schwester gelang es ihm, die Ranch und das Land erfolgreich zu bewirtschaften. Er stellte bald fest, dass der Ertrag allein nicht ausreichte, und so arbeitete er jedes Frühjahr als Helfer auf der „Bar-K Ranch" seines Onkels Frank in der Gore Range, die heute als das Ski-Resort „Vail" bekannt ist.

Dort pflegten Ernie und Frank eine Rinderherde, indem sie die Tiere zwischen den Bergwiesen hin und her trieben, stets auf der Suche nach den nahrhaften, saisonalen Gräsern der Rocky Mountains. Im Sommer wurden die Rinder in höheren Lagen auf etwa 3500 Metern gehalten. Doch Anfang Mai fanden sie einige der besten Weiden nur in den Tälern auf 2500 Metern. Jeden Morgen vor Sonnenaufgang trieben Frank und Ernie die Viehherde mithilfe ihrer Hunde die 1000 Höhenmeter hinab, um sie dort grasen zu lassen.

Mit steigenden Temperaturen im Frühsommer wurde es schwieriger. Wenn die Männer und Hunde die Kühe nicht dazu bringen konnten, die steilen Hänge zu den kühleren

Hartnagle mit einem seiner Australian Shepherds

Hochgebieten der Berge zu erklimmen, würden die Tiere träge werden und nicht mehr weitergehen. Mit einer Ausnahme: Rover.
Rover war ein schwarzer Hund mit einer Stummelrute, der unermüdlich schien. Egal ob bei Hitze, Kälte oder großer Höhe – Rover trieb die Herde an, zwickte und bellte, bis die Kühe wieder in Bewegung kamen. Er war der Einzige, der nicht aufgab, selbst wenn die anderen Hunde und Kühe erschöpft waren. Ernie war beeindruckt von diesem Hund und wollte sich selbst solche Hunde für seine Ranch besorgen, sobald er es sich leisten konnte.
Zu dieser Zeit wusste Ernie noch nicht, woher er solche Hunde bekommen könnte oder welche Auswirkungen sie auf die heutigen Australian Shepherds haben würden. Dennoch war er fest entschlossen, Hunde wie Rover zu haben, die ihm bei der Arbeit helfen und eine besondere Bindung zu ihm und seinem Land aufbauen würden.

Die Hartnagles aus Colorado, insbesondere Ernie Hartnagle und seine Familie, hatten einen immensen Einfluss auf die Entwicklung des Australian Shepherds. Über fast 80 Jahre hinweg beweideten sie ihr Land in Boulder und Umgebung und züchteten dabei kleine merlefarbene Hunde mit Stummelrute, die letztendlich zur Entstehung des Australian Shepherds führten.
Der Aussie wurde zu einem vielseitigen Hund gezüchtet, der nicht nur ein ausgezeichneter Hütehund, sondern auch ein treuer Gefährte und talentierter Wachhund ist. Die Gestaltung dieser Rasse durch die Hartnagle-Familie und andere Züchter über die Jahrzehnte hinweg prägte das Erscheinungsbild und den Charakter des Australian Shepherds, wie wir ihn heute kennen.
Die genaue Herkunftsgeschichte der Aussie-Rasse ist jedoch schwer zu rekonstruieren. Es gibt wenige eindeutige Informationen vor den 1940er-Jahren über die Ursprünge dieser Hunde. Es wird allgemein angenommen, dass die Rasse auf Ranches im mittleren Westen der USA über viele Jahre entstanden ist. Der Name „Australian Shepherd" mag irreführend sein, da die Hunde nicht tatsächlich aus Australien stammen, sondern ihre Wurzeln in den USA haben. Es wird vermutet, dass der Name auf die Schafe zurückgeht, die möglicherweise aus Australien importiert wurden und mit denen die Hunde gearbeitet haben.
Insgesamt kann man sagen, dass der Australian Shepherd eine einzigartige Mischung aus verschiedenen Einflüssen ist. Er ist ein Produkt der speziellen Umstände in der Geschichte der Hunde- und Schafzucht in den USA.

In der Mitte des 20. Jahrhunderts begann man, die Geschichte des Australian Shepherds aufzuzeichnen, nachdem Ernie von Rover fasziniert war. Die Herkunft dieser Hunde wurde zuvor nicht dokumentiert, da es damals nur darauf ankam, wie gut die Hunde in ihrer Arbeit waren. Sie wurden oft als „kleine blaue Hunde" bezeichnet aufgrund ihrer typischen blauen Fellfärbung, Stummelrute und blauen Augen.
Die entscheidende Eigenschaft, die diese Hunde zu einer anerkannten Rasse machte, war ihre Arbeitsfähigkeit – sei es beim Hüten von Schafen, Pferden, Kühen oder anderem Vieh. Dieses Talent machte sie besonders beliebt in Colorado und Umgebung.
Die Begegnung mit den Hunden Stub und Shorty in einer Wanderzirkus-Vorstellung im Jahr 1952 veränderte Ernies Leben. Diese Hunde, die von Jay Sisler präsentiert wurden, führten beeindruckende Tricks vor und wurden dadurch bekannt und beliebt. Durch diese Erfahrung erfuhr Ernie zum ersten Mal von der Rasse Australian Shepherd und war begeistert von ihren Fähigkeiten.
Ein Jahr nach dieser Begegnung verliebte sich Ernie in Elaine Gibson, die ebenfalls mit diesen Hunden aufgewachsen war. Die Gibson-Familie besaß die Hunde schon

Seit den 1970er-Jahren wusste man, dass die Farbe der Hunde keine Rolle bei ihrer Arbeitsleistung spielte.

seit den 1920er-Jahren. Besonders hervorgehoben wird die Geschichte von Elaines Großvater, der einen Hütehund namens Bob (er nannte ihn so, wegen der kurzen Rute), besaß.

Die Hartnagles aus Colorado begannen ihre Zucht mit Australian Shepherds in den 1950er-Jahren. Nachdem sie ihren ersten „Bobtail" Snipper erwarben, fanden sie 1955 ihre Quelle bei Juanita Ely außerhalb von Littleton. Sie nahmen Badger und Goodie mit nach Hause, die den Grundstein für ihr Zuchtprogramm legten. Die Hartnagles begannen dann, gute Arbeitsqualitäten bei der Zucht zu priorisieren.

Ihre Zucht verbreitete sich schnell in Colorado und im Westen der USA. Die Las Rocosa-Zucht wurde 1970 gegründet und veränderte die Aussiezucht mit ihrer Einführung von roten und schwarzen Aussies. Die Hartnagles setzten einen einheitlichen Preis für alle Welpen fest, unabhängig von der Farbe, was damals revolutionär war. Sie zeigten, dass Farbe keine Rolle bei der Arbeitsfähigkeit spielte, sondern eine persönliche Vorliebe war.

Die Einführung von Rot in die Zucht war ein bedeutender Schritt, der die Aussiezucht veränderte. Es wurde entdeckt, dass Rot ein rezessives Gen ist und die Verpaarung von Trägern dieses Gens zu roten Aussies führte. Die

Hartnagles machten nach und nach Fortschritte im Zuchtprozess, indem sie aus Fehlern lernten und die Qualität ihrer Linien kontinuierlich verbesserten. Colorado wurde zum Zentrum der Aussie-Aktivität und die Las Rocosa-Zucht erhielt zahlreiche Auszeichnungen vom ASCA, darunter den „Hall of Fame"- und „Hall of Fame Excellent"-Status. Viele der Gründerhunde der Zucht sind heute in den Ahnentafeln der Aussie-Linien zu finden.

Ursprung der verschiedenen Linien

Die Hartnagles, insbesondere Ernie Hartnagle, spielte eine bedeutende Rolle in der Zucht und Entwicklung des Australian Shepherds. Ihr Einfluss erstreckte sich über Generationen und prägte die Rasse nachhaltig. Ernie betonte die Bedeutung von grundlegenden Linien, aus denen die meisten Aussies in Amerika stammen, darunter Las Rocosa, Juanita Ely, Fletcher Wood und Dr. Weldon Heard. Dr. Heard verfolgte eine andere Zuchtperspektive. Er betonte Struktur und Ästhetik, was sich im Showring bewährte. Die Ästhetik der Flintridge-Linie prägte maßgeblich das moderne Erscheinungsbild des Australian Shepherds im Showgeschäft. Ernies Kinder Carol Ann und Jimmy setzen die Arbeit von Las Rocosa aktiv fort, wobei sie eine tragende Rolle in der Zuchtwelt einnehmen.
Die Hartnagles verkauften ihre Ranch in Boulder 1997 und zogen auf ein kleineres Anwesen bei Kiowa. Dort kümmern sie sich um Tiere und Aussies, die ihnen bei den täglichen Aufgaben helfen. Carol Ann und Jimmy führen die Las Rocosa-Zucht weiter und sind stolz darauf, dass die Aussie-Linie immer noch ihren ursprünglichen Zweck erfüllt – das Arbeiten auf Farmen mit Vieh.

Ernie Hartnagle verstarb am 19.05.2019 im Alter von 93 Jahren, hinterließ jedoch ein beeindruckendes Erbe. Im Namen aller Aussiezüchter und -halter bedanke ich mich für sein Engagement und seinen Beitrag zur Zucht des Australian Shepherds: „Danke Ernie, für alles!"

Entstehung der Clubs

Gegründet wurde der ASCA bereits im Jahr 1957 in Arizona. 1966 entstand außerdem die International Australian Shepherd Association (IASA). 1980 schlossen sich der ASCA und IASA zu einem Club zusammen und sind seither zum größten Rassehundeclub Nordamerikas geworden. Seit den frühen 1990er-Jahren führt der American Kennel Club (AKC) ein Zuchtbuch für diese Rasse und hat auch einen eigenen Rassestandard entwickelt, der 1993 in Kraft trat. Erst seit 1996 ist der Aussie eine von der Fédération Cynologique Internationale (FCI) anerkannte Rasse. Der aktuelle Rassestandard stammt aus dem Jahr 2009, genauer vom 05. Juni 2009. Erst seit 2001 gibt es den Club für Australian Shepherd Deutschland und ist seitdem ein Zuchtbuch führender Verein unter dem Verband für das deutsche Hundewesen (VDH).

Die Geschichte des Miniature American Shepherd

Die kleinere Variante des Australian Shepherds gibt es schon seit vielen Jahren und wurde immer als Mini-Aussie bezeichnet. Aber erst im Jahr 2019 wurde diese Rasse unter dem Namen „Miniature American Shepherd" vorläufig von der FCI anerkannt und im Club für Australian Shepherd Deutschland aufgenommen.

Nun wird sich jeder fragen, warum heißt er nicht „Miniature Australian Shepherd"? Das hat seine besondere Geschichte.

Miniature Australian Shepherd vs. Miniature American Shepherd

Der Miniature Australian Shepherd ist eine kleinere Version des Australian Shepherds und bisher nur teilweise anerkannt, hauptsächlich in den USA. In Europa hatten die Papiere des Miniature Australian Shepherds keine Gültigkeit, daher wurde der Hund offiziell als „Mischling" betrachtet. Das bedeutet, dass er beispielsweise nicht an FCI-Europa- und Weltmeisterschaften teilnehmen und auch nicht auf FCI-Shows ausgestellt werden durfte.
Es gab in der Vergangenheit viele Bemühungen, den Mini-Aussie international, einschließlich in Europa, offiziell anzuerkennen.
Der North American Miniature Australian Shepherd Club USA (NAMSCUSA) und der North American Miniature Australian Shepherd Club Europe (NAMASCE) arbeiteten daran, den Miniature Australian Shepherd als eigenständige Rasse zu etablieren, getrennt vom regulären Australian Shepherd. Im Gegensatz dazu betrachtete der Miniature Australian Shepherd Club of America (MASCA) den Mini-Aussie als eine Variante des Australian Shepherds, die mit dieser Rasse gekreuzt werden konnte. Aufgrund von Meinungsverschiedenheiten und der fehlenden Einigung mit den offiziellen Australian Shepherd-Verbänden in den USA und Europa mussten NAMSCUSA und NAMASCE den Begriff „Australian Shepherd" aus ihrem neuen Zuchtprogramm streichen. Seitdem wird der Mini-Aussie als Miniature American Shepherd bezeichnet und die Vereine wurden zu Miniature American Shepherd Club of the USA, Inc. (MASCUA).
Bei der Aufzählung der ganzen Vereine darf ein weiterer nicht fehlen: Mit dem Deutschen Miniature Australian Shepherd Club (DMASC) gibt es seit Anfang 2016 nun endlich auch für MASCA einen offiziellen Partner in Europa.

Der Miniature American Shepherd – ein Energiebündel!

Der Verein bemüht sich, Mini-Aussies in ihrer originalen Form als kleinere Variation der Australian Shepherds zu fördern und allen Liebhabern, Besitzern und Züchtern als Ansprechpartner zur Verfügung zu stehen.

Im Juli 2015 wurde der Miniature American Shepherd offiziell als eigenständige neue Rasse vom American Kennel Club (AKC) anerkannt. Diese Anerkennung in den USA war ein wichtiger Schritt, um auch eine Anerkennung bei der FCI zu ermöglichen. Fast vier Jahre später, im Mai 2019, erfolgte zunächst die nationale Anerkennung des Miniature American Shepherd durch den Verband für das Deutsche Hundewesen (VDH). Im September 2019 folgte dann die vorläufige Anerkennung des Miniature American Shepherd durch die FCI, wodurch er auch in allen Organisationen, die der FCI unterstellt sind, anerkannt wurde. Außerdem kann er seitdem auch an internationalen Shows und Meisterschaften teilnehmen. Dies war wahrscheinlich die Hauptmotivation für die meisten Züchter, ihre Hunde als Miniature American Shepherds zu registrieren, da es viele Vorteile und neue Möglichkeiten mit sich brachte.

Was bedeutet das für Züchter und Halter von Mini-Aussies?

Nach der Anerkennung durch den American Kennel Club (AKC) erfolgte eine Differenzierung zwischen dem Miniature Australian Shepherd (Mini-Aussie) und dem Miniature American Shepherd (Mini-Ami oder MAS). Viele Züchter entschieden sich dafür, ihre Hunde und sich selbst beim AKC zu registrieren, während einige dem Miniature Australian Shepherd Club of America (MASCA) treu blieben.

Der MAS ist noch eine aufstrebende Hunderasse, weshalb die Zuchtbücher des MAS wahrscheinlich noch eine Weile geöffnet bleiben werden. Das bedeutet, dass vorerst Mini-Aussies mit MASCA- oder anderen Ahnentafeln unter dem Kürzel MAS registriert werden können. Jedoch hat MASCA rasch beschlossen, keine MAS mehr aufzunehmen. Das führt dazu, dass Mini-Aussies, die als MAS registriert sind, ihre Unterlagen bei MASCA für ungültig erklärt bekommen. Auch die Welpen von Elterntieren mit MAS-Registrierung erhalten keine MASCA-Papiere mehr und müssen, sofern gewünscht, beim AKC angemeldet werden.

Der Miniature American Shepherd präsentiert sich als eigene Rasse mit einem spezifischen Rassestandard, der besser zu der kleineren Größe passen soll. Aktuell gibt es jedoch nur wenige wesentliche Unterschiede. Die angestrebte Größe bei Miniature American Shepherd-Hündinnen ist etwas kleiner (13 bis 17 Zoll, etwa 33 bis 43 cm) im Vergleich zu Mini-Aussies (14 bis 18 Zoll, etwa 36 bis 46 cm).

Ein weiterer Unterschied besteht darin, dass bei Mini-Aussies nur das Kriterium „zu klein" zur Disqualifikation führt, während sowohl zu kleine als auch zu große Hunde beim Miniature American Shepherd für die Zucht disqualifiziert werden.

Die Eigenständigkeit des MAS als separate Rasse, losgelöst vom Australian Shepherd, impliziert, dass keine Kreuzungen mit Standard-Aussies angestrebt werden. Im Unterschied dazu kommt es bei Mini-Aussies häufig vor, dass gelegentlich kleinere Standard-Aussies eingekreuzt werden. Angesichts der begrenzten Genvielfalt für Mini-Aussies in Europa aufgrund der Abtrennung vom MAS könnte dies in Zukunft möglicherweise häufiger notwendig sein, um eine übermäßige Inzucht zu vermeiden, was ethisch sowie aus tierschutzrechtlicher Perspektive wichtig ist.

In Deutschland werden die Miniature American Shepherds vom CASD (Club für Australian Shepherd & Miniature American Shepherd Deutschland e. V.) betreut.

Auch der Miniature American Shepherd ist immer sehr aufmerksam.

Der Standard

Rassestandard Australian Shepherd

FCI-Standard Nr. 342
Ursprung: USA
Verwendung: Farm- und Ranch-Hütehund
Klassifikation:
Gruppe 1: Hütehunde und Treibhunde (ausgenommen Schweizer Sennenhunde)
Sektion 1: Schäferhunde. Ohne Arbeitsprüfung.
Kurzer Geschichtlicher Abriss:
Obschon es zahlreiche Theorien über den Ursprung des Australischen Schäferhundes gibt, wissen wir heute, dass diese Rasse sich ausschließlich in den USA entwickelt hat. Er hat den Namen Australischer Schäferhund erhalten, weil angenommen wird, dass um 1800 baskische Schafhirten bei ihrer Einwanderung von Australien nach Amerika diese Hunde mitbrachten. Die Beliebtheit des Australischen Schäferhundes nahm nach dem Zweiten Weltkrieg parallel zur schnellen Entwicklung der Westernreiterei zu, welche durch Rodeos, Pferderennen, Kino- und Televisionsberichte allgemein bekannt und volkstümlich wurde. Seine vielfachen Begabungen und die Leichtigkeit ihn auszubilden, machten ihn zu einem nützlichen Zubehör für Ranches und Farmen in Amerika. Die Farmer in den USA sorgten für die Weiterentwicklung der Rasse und die Erhaltung seiner vorteilbringenden Eigenschaften, seiner scharfen Intelligenz, seines ausgesprochenen Herdentriebes sowie seines attraktiven Erscheinungsbildes, welches schon ursprünglich die Bewunderung aller auf sich gezogen hatte. Obschon jeder einzelne Hund ein Unikum in Farbe und Zeichnung darstellt, zeigen alle Australischen Schäferhunde eine unübertreffbare Anhänglichkeit gegenüber ihrem Meister und seiner Familie. Seine zahlreichen guten Eigenschaften haben seine stetige Beliebtheit aufrechterhalten.
Allgemeines Erscheinungsbild:
Der Australische Schäferhund ist gut proportioniert, etwas länger als hoch und von mittlerer Größe und Knochenstärke. Die Farben seines Haarkleides haben eine große individuelle Variationsbreite. Er ist aufmerksam und lebhaft, geschmeidig und beweglich, kräftig und gut bemuskelt, jedoch ohne jede Schwere. Sein Haar ist mittellang und mäßig grob. Er hat entweder eine kupierte (Anm.: bei uns verboten!) oder eine natürliche Stummelrute.
Wichtige Proportionen:
Die Länge des Rumpfes (von der Brustbeinspitze zum Sitzbeinhöcker gemessen) ist etwas größer als die Widerristhöhe. Der Australische Schäferhund ist somit etwas länger als hoch.
Körperbau: Robust, Knochenstärke mäßig. Der Körperbau des Rüden ist geschlechtstypisch kräftig, ohne jedoch derb zu wirken. Die Hündin ist sehr weiblich in ihrem Aussehen, jedoch ohne jegliche Schwäche in ihrem Knochenbau.
Verhalten/Charakter:
Der Australische Schäferhund ist ein intelligenter Arbeitshund mit ausgesprochenem Hüte- und Bewachungsinstinkt. Er ist ein pflichtgetreuer Gefährte und fähig, mit Ausdauer den ganzen Tag zu arbeiten. Er ist charakterlich ausgeglichen und gutmütig, selten streitsüchtig. Beim ersten Kontakt mag er etwas reserviert sein.

Ein Red merle-Rüde

Kopf:
Mit sauberen Umrisslinien, kräftig und trocken steht der Kopf in einem guten Größenverhältnis zum Körper.
Schädel: Das Schädeldach ist flach bis leicht gewölbt. Der Hinterhauptstachel kann etwas sichtbar sein. Die Schädellänge entspricht der Schädelbreite.
Stopp: Der Stopp ist mäßig ausgeprägt.
Nasenschwamm: Bei Blue merle und bei Hunden mit schwarzem Haarkleid sind der Nasenschwamm und die Lippen schwarz pigmentiert, bei Red merle und Hunden mit rotem Haarkleid leberfarben (braun). Bei den Merlehunden sind kleine rosarote Flecken zulässig. Diese sollten jedoch bei Hunden, die älter als ein Jahr sind, nicht mehr als 25 % der Fläche des Nasenschwammes einnehmen, sonst ist es ein schwerer Fehler.
Fang: Er ist gleich lang oder etwas kürzer als der Schädel. Von der Seite gesehen verlaufen die Begrenzungslinien von Schädel und Fang parallel. Der Stopp ist mäßig ausgebildet, aber deutlich umrissen. Der Fang verjüngt sich nur wenig vom Ansatz bis zum Nasenschwamm und ist am Ende abgerundet.
Kiefer/Zähne: Komplettes Scherengebiss mit kräftigen weißen Zähnen; Zangengebiss wird toleriert.

Augen:
Sie sind braun, blau, bernsteinfarben oder ihre Farbe ist eine Kombination oder Variation dieser Farben, auch gefleckt oder marmoriert. Mandelförmig, weder vorstehend noch eingesunken. Die Blue merle und die Hunde mit schwarzem Haarkleid weisen eine schwarze Augenumrandung auf; die Red merle und die Hunde mit rotem Haarkleid zeigen eine leberfarbene (braune) Pigmentierung.
Ausdruck: Aufmerksam und intelligent, wachsam und lebhaft. Der Blick ist durchdringend, aber freundlich.

Ohren:
Dreieckig, von mäßiger Größe und Dicke, hoch am Kopf angesetzt. Bei voller Aufmerksamkeit kippen die Ohren nach vorne oder nach der Seite wie ein Rosenohr. Stehohren und Hängeohren sind schwere Fehler.

Hals:
Kräftig, von mäßiger Länge, Oberlinie leicht gewölbt. Der Hals geht harmonisch in die Schulterpartie über.

Körper:
Obere Profillinie: Der Rücken ist gerade und kräftig, fest und verläuft horizontal von Widerrist bis zu den Hüften.
Kruppe: Mäßig abfallend.
Brust: Nicht breit, dafür aber tief; sie reicht an ihrem tiefsten Punkt bis zur Höhe der Ellenbogen.
Rippen: Lang und gut gewölbt; der Brustkorb ist weder tonnenförmig noch flach.
Untere Profillinie und Bauch: Mäßig aufgezogen.

Rute:
Gerade, naturbelassene Länge oder mit natürlicher Stummelrute. Sofern kupiert (nur in den Ländern, die kein Rutenkupierverbot erlassen haben) oder mit natürlicher Stummelrute nicht länger als 10 cm.

Gliedmaßen:
Vorderhand:
Schulter: Schulterblätter lang, flach und gut schräg gelagert; Schulterblattkuppen am Widerrist ziemlich nahe beieinanderliegend.
Oberarm: Sollte ungefähr gleich lang sein wie das Schulterblatt; er steht ungefähr in einem rechten Winkel zum Schulterblatt, mit geraden und senkrecht zu Boden stehenden Vorderläufen.
Läufe: Gerade und kräftig, Knochen stark und eher von ovalem als von rundem Querschnitt.
Vordermittelfuß: Von mittlerer Länge, sehr leicht schräg. Afterkrallen können entfernt werden (Anm.: nur aus medizinischen Gründen, sonst bei uns verboten).
Vorderpfoten: Oval, kompakt, mit eng aneinander liegenden, gut gewölbten Zehen. Ballen dick und elastisch.
Hinterhand:
Allgemeines: Die Breite der Hinterhand ist ungefähr gleich wie die der Vorderhand auf Schulterhöhe. Die Winkelung des Beckens zum Oberschenkel stimmt mit der Winkelung des Schulterblattes zum Oberarm überein und entspricht ungefähr einem rechten Winkel.
Kniegelenk: Ausgeprägt.
Sprunggelenk: Mäßig gewinkelt.
Hintermittelfuß: Kurz, von hinten gesehen senkrecht und parallel gestellt. Afterkrallen müssen entfernt sein. (Anm.: in Ländern, in denen dies gesetzlich nicht verboten ist.).
Hinterpfoten: Oval, kompakt, mit eng aneinander liegenden, gut gewölbten Zehen. Ballen dick und elastisch.

Gangwerk:
Die Gangart des Australischen Schäferhundes ist geschmeidig, leicht und frei. Er ist sehr behände mit einem harmonischen, raumgreifenden Bewegungsablauf. Vorder- und Hinterläufe bewegen sich gerade und parallel zur mittleren Achse des Körpers. Bei zunehmender Geschwindigkeit nähern sich Vorder- und Hinterpfoten der mittleren Schwerpunktlinie des Körpers, während der Rücken fest und gerade bleibt. Der Australische Schäferhund muss flink und fähig sein, augenblicklich einen Richtungswechsel vorzunehmen oder eine andere Gangart einzuschlagen.

Haarkleid:
Haar: Von mittlerer Textur, gerade bis gewellt, wetterbeständig und von mittlerer Länge. Die Dichte der Unterwolle ändert sich den klimatischen Bedingungen entsprechend.

Ein Blue merle-Rüde

Das Haar ist kurz und glatt am Kopf, an den Ohren, an der Vorderseite der Vorderläufe und unterhalb der Sprunggelenke. Die Hinterseiten der Vorderläufe und die „Hosen" sind mäßig befedert. Mähne und Halskrause sind mäßig ausgebildet, bei den Rüden mehr als bei den Hündinnen. Ein atypisch beschaffenes Haarkleid ist ein schwerer Fehler.

Farbe: Blue merle, Schwarz, Red merle, Rot, alle mit oder ohne weiße Abzeichen und/oder kupferfarbenen Abzeichen; keine Farbe soll vor der anderen vorgezogen werden. Die Haarlinie des weißen Kragens darf nicht weiter als bis zum Widerrist reichen. Weiß ist zulässig am Hals (ganzer oder unvollständiger Kragen), an der Brust, an den Läufen, an der Unterseite des Fangs, Blesse am Kopf und weiße Unterseite des Körpers, welche, von einer horizontalen Linie in Ellenbogenhöhe an gemessen, sich bis zu einer Länge von 10 cm (4 Inches) ausdehnen darf. Weiß am Kopf soll nicht vorherrschen und die Augen sollen vollständig von Farbe und Pigment umgeben sein. Es ist charakteristisch, dass Blue merle Hunde mit zunehmendem Alter dunkler werden.

Ein Black bi-Rüde

Größe:

Widerristhöhe: 51 bis 58 cm (20 bis 23 Inches) für Rüden und 46 bis 53 cm (18 bis 21 Inches) für Hündinnen.

Bei der Beurteilung der Größe ist die Qualität des Hundes wichtiger als eine leichte Abweichung von der Idealgröße.

Fehler:

Jede Abweichung von den vorgenannten Punkten muss als Fehler angesehen werden, dessen Bewertung in genauem Verhältnis zum Grad der Abweichung stehen sollte und dessen Einfluss auf die Gesundheit und das Wohlbefinden des Hundes und seine Fähigkeit, die verlangte rassetypische Arbeit zu erbringen, zu beachten ist.

Schwere Fehler:

- Stehohren oder Hängeohren
- Untypisches Haar

Disqualifizierende Fehler:

- Aggressive oder übermäßig ängstliche Hunde
- Hunde, die deutlich physische Abnormalitäten oder Verhaltensstörungen aufweisen
- Vorbiss. Rückbiss mit mehr als 1/8 inch (2,5 mm). Kontaktverlust durch kurze zentrale Schneidezähne bei sonst korrektem Gebiss soll nicht als Vorbiss beurteilt werden; abgebrochene oder durch Unfall fehlende Zähne sollen nicht bestraft werden.
- Weiße Flecken am Körper, d. h. zwischen Widerrist und Rute und seitlich zwischen Ellenbogen und Hinterseite der Hinterläufe; dies ist gültig für alle Farben.

N.B.:

- Rüden müssen zwei offensichtlich normal entwickelte Hoden aufweisen, die sich vollständig im Hodensack befinden.
- Zur Zucht sollen ausschließlich funktional und klinisch gesunde, rassetypische Hunde verwendet werden.

Rassestandard Miniature American Shepherd

Der Rassestandard für den Miniature American Shepherd (Miniatur Amerikanischer Schäferhund) wurde am 04.09.2019 offiziell veröffentlicht und die Rasse wurde am 28.08.2020 vorläufig durch die FCI anerkannt.

FCI-Standard: Nr. 367
Ursprung: Vereinigte Staaten von Amerika
Patronat: Ungarn
Verwendung: Hüte- und Wachhund
Klassifikation: Gruppe 1: Hütehunde und Treibhunde (ausgenommen Schweizer Sennenhunde)
Sektion 1: Schäferhunde. Ohne Arbeitsprüfung.
Kurzer geschichtlicher Abriss:
Der Miniature American Shepherd entstand Ende der 1960er-Jahre in Kalifornien aus den kleinen Australian Shepherds. Das Ziel der Züchtung war die Bewahrung ihrer geringen Größe, ihres lebhaften Charakters und ihrer Intelligenz. 1980 wurde die Rasse erstmals durch das National Stock Dog Registry registriert. Ursprünglich lautete die Bezeichnung Miniature Australian Shepherd. Zu Beginn der 1990er-Jahre hatten die Hunde landesweit Popularität erlangt und wurden auf verschiedenen Treffen für seltene Rassen gezeigt. Der erste Zuchtverein und die Registrierung, MASCUSA, wurden 1990 gegründet und 1993 eingetragen. Im Mai 2011 wurde die Rasse als Miniature American Shepherd in das Rassebegründungsverfahren des AKC (USA) aufgenommen. Der Miniature American Shepherd Club of the USA (MASCUSA) ist eine Unterorganisation des designierten Dachverbandes American Kennel Club. Die Rasse wurde zum Hüten kleiner Herden verwendet, wie Schafe und Ziegen, hat jedoch auch die Fähigkeit größeres Vieh zu bewältigen. Ihre geringe Größe wurde als Vorteil erachtet, weil sie zusätzlich auch als Haustier gehalten werden konnten. Als Begleiter von Reitern auf deren Weg zu Turnieren erlangten sie besondere Beliebtheit, weil ihre Intelligenz, Loyalität und Größe die Hunde zu einem hervorragenden Reisebegleiter machen. Auf diese Weise erlangten sie im gesamten Land Popularität. Heute hat sich der Miniature American Shepherd in den USA und international etabliert. Es ist eine Rasse mit einer einzigartigen Identität – ein auffallender, vielseitiger, kleiner Hütehund, der sich auf einer Ranch ebenso wohl fühlt wie in der Stadt.
Allgemeine Erscheinungsbild:
Der Miniature American Shepherd ist ein kleiner Hütehund, der seinen Ursprung in den USA hat. Es ist etwas länger als hoch, von moderatem Knochenbau, Körpergröße und -höhe sind gut proportioniert, ohne Auffälligkeiten. Der Gang ist geschmeidig, leicht und balanciert. Seiner außergewöhnlichen Lebhaftigkeit, kombiniert mit Stärke und Ausdauer, verdankt er seine Eignung in unterschiedlichstem Gelände. Ein äußerst vielseitiger, energischer und ausdauernder Hund von herausragender Intelligenz und mit starker Hingabe zum Halter. Er ist sowohl ein loyaler Begleiter als auch ein gelehriger Arbeiter, worauf bereits sein aufmerksamer Ausdruck hinweist. Das Stockhaar ist von mittlerer Länge und Grobheit, von einheitlicher Farbe oder meliert, mit oder ohne weiße und/oder Loh- (Kupfer-) Abzeichen. Traditionell ist die Rute kupiert oder eine natürliche Stummelrute. Das Kupieren ist in Deutschland verboten, kupierte Hunde dürfen nicht an Ausstellungen in Deutschland teilnehmen.
Wichtige Proportionen:
Gemessen vom Buggelenk bis zum Sitzbeinhöcker und vom höchsten Punkt des Schulterblatts bis zum Boden ist er etwas länger als hoch. Substanz kräftig gebaut mit

Eine MAS-Hündin mit der Farbe Blue merle

moderatem Knochenbau im Verhältnis zu Körperhöhe und -größe. Rüden strahlen Maskulinität aus, ohne grob zu wirken; Hündinnen erscheinen feminin, ohne zu leicht zu wirken. Die gesamte Struktur vermittelt einen Eindruck von Tiefe und Stärke, ohne jedoch massig zu wirken.

Verhalten/Charakter:

Der intelligente Miniature American Shepherd ist primär ein Arbeitshund mit starkem Hüte- und Wachinstinkt. Er ist ein außergewöhnlicher Begleiter, vielseitig und gelehrig, der seine Aufgaben stilvoll und mit Begeisterung erledigt. Fremden gegenüber ist er reserviert, jedoch nicht scheu. Er ist ein ausdauernder und robuster Arbeiter, der Verhalten und Auftreten seiner jeweiligen Aufgabe anpasst. In der Familie agiert er beschützend, freundlich, anhänglich und loyal.

Kopf:

Schädel: Das Schädeldach ist flach bis mäßig rund und kann einen leichten Hinterhauptstachel aufweisen. Breite und Länge des Schädeldachs sind identisch.

Stopp: Der Stopp ist mäßig, jedoch definiert ausgebildet.

Nasenschwamm: Rot merle und rote Hunde haben einen leberfarbenen Nasenspiegel. Blau merle und schwarze Hunde haben ein schwarzes Nasenpigment. Voll pigmentierte Nasenschwämme werden bevorzugt. Nasenschwämme, die nicht vollständig pigmentiert sind, sind ein Fehler. Schwerer Fehler: 25 bis 50 Prozent fehlende Pigmentierung am Nasenspiegel.

Fang: Der Fang ist von mittlerer Breite und Tiefe, verjüngt sich graduell zu einer gerundeten Spitze, ohne schwer, quadratisch, spitz oder lose zu wirken. Die Länge entspricht der Länge des Oberkopfes. Von der Seite gesehen sind Fang und Oberkopf leicht schräg zueinander angesetzt, wobei die Vorderseite der Krone einen leichten Winkel zum Nasenschwamm aufweist.

Lefzen: Pigmentierung passend zur Farbe des Hundes, eng anliegend.

Kiefer/Zähne: Lückenloses Scherengebiss. Kein Punktabzug bei abgebrochenen, fehlenden oder verfärbten Zähnen infolge von Unfall.

Disqualifikation: Vor- oder Rückbiss.

Augen:

Die Augen sind schräg angesetzt, mandelförmig, weder hervorstehend noch eingesunken und proportional zum Kopf. Akzeptabel in allen Fellfarben kann eines oder beide Augen braun, blau, haselnussbraun, bernsteinfarben oder jede Farbkombination davon aufweisen, einschließlich Tüpfel und Marmorierung. Die Augenränder von roten und rot merle Tieren haben eine vollständige rote (leberbraune) Pigmentierung. Die Augenränder der schwarzen und blau merle Tiere weisen eine vollständige schwarze Pigmentierung auf. Die blau merle und schwarzen Hunde weisen eine schwarze Augenumrandung auf, die rot merle und roten Hunde zeigen eine leberfarbene (braune) Pigmentierung. Der Ausdruck ist aufgeweckt, aufmerksam und intelligent. Der Blick kann Fremden gegenüber reserviert oder aufmerksam sein.

Ohren:
Dreieckig, von mäßiger Größe, am Kopf hoch angesetzt. Bei voller Aufmerksamkeit kippen sie nach vorne ab oder als Rosenohr zur Seite.
Schwerer Fehler: Stehohren oder Hängeohren.

Hals:
Der Hals ist fest, sauber und proportional zum Körper. Er ist von mittlerer Länge und am Kamm leicht gebogen, mit gutem Übergang zur Schulterpartie.

Körper:
Der Körper ist fest und in guter Kondition.
Obere Linie: Der Rücken ist im Stand und in der Bewegung vom Widerrist zum Hüftgelenk fest und gerade.
Widerrist: Die Schulterblätter sind lang, flach, eng am Widerrist angesetzt und schräg.
Rücken: Der Rücken ist im Stand und in der Bewegung fest und gerade vom Widerrist zum Hüftgelenk.
Lenden: Die Lenden sind von oben gesehen stark und breit.
Kruppe: Die Kruppe ist moderat abfallend
Brust: Die Brust ist voll und tief, bis zum Ellbogen reichend, mit gut gebogenen Rippen.
Untere Profillinie und Bauch: Die untere Profillinie ist leicht aufgezogen.

Rute:
Eine kupierte oder natürliche Stummelrute wird bevorzugt. Die kupierte Rute ist gerade, nicht länger als 7,62 cm (3 Zoll) (in Ländern, in welchen dies gesetzlich nicht verboten ist). Die nicht kupierte Rute kann in einer leichten Rundung herabhängen, wenn der Hund ruht. Bei Erregung oder in der Bewegung kann die Rute in einer ausgeprägten Rundung nach oben getragen werden.

Gliedmaßen:
Vorderhand:
Allgemeines: Die Vorderhand ist gut konditioniert und ausgewogen zur Hinterhand gesetzt.
Die Vorderhand fällt gerade und lotrecht zum Boden ab. Die Läufe sind gerade und stark. Der Knochen ist eher oval als rund.
Schulter: Die Schulterblätter sind lang, flach, eng am Widerrist angesetzt und schräg.
Oberarm: Die Länge des Oberarms (Oberarmknochen) ist mit der des Schulterblatts identisch und steht in einem nahezu rechten Winkel zum Schulterblatt.
Ellbogen: Das Ellbogengelenk ist vom Boden bis zum Widerrist abstandsgleich. Von der Seite gesehen sollte der Ellbogen direkt unter dem Widerrist sitzen. Ellbogen sollen eng an den Rippen anliegen, ohne locker zu sein.
Unterarm: Die Läufe sind gerade und stark. Der Knochen ist eher oval als rund.
Vordermittelfuß: Kurz, dick und stark, jedoch flexibel, von der Seite gesehen in einem leichten Winkel stehend.
Vorderpfoten: Ovale, kompakte, feste, gut gewölbte Zehen. Die Ballen sind dick und elastisch, die Nägel sind kurz und stark. Die Nägel können jede Farbkombination aufweisen. Afterkrallen müssen entfernt werden (in Ländern, in welchen dies gesetzlich nicht verboten ist).

Hinterhand:
Allgemeines: Die Breite der Hinterhand erreicht ungefähr die Breite der Vorderhand an den Schultern.
Winkelung: Die Winkelung von Becken und Oberschenkel (Oberschenkelknochen) spiegelt die Winkelung von Schulterblatt und Oberarm wider; es wird ungefähr ein rechter Winkel gebildet.
Oberschenkel: Der Oberschenkel ist gut bemuskelt, jedoch nicht übermäßig.
Knie: Das Knie ist klar definiert.

Sprunggelenk: Die Sprunggelenke sind kurz, mäßig gewinkelt, sodass der Hintermittelfuß lotrecht zum Boden steht.
Hintermittelfuß: Die Hintermittelfüße sind kurz, von der Seite gesehen lotrecht zum Boden und sie stehen von hinten gesehen parallel zueinander.
Hinterpfoten: Die Pfoten sind oval, mit kompakten, festen, gut gewölbten Zehen. Die Ballen sind dick und elastisch, die Nägel sind kurz und stark. Die Nägel können jede Farbkombination aufweisen. Afterkrallen müssen entfernt werden (in Ländern, in welchen dies gesetzlich nicht verboten ist).

Gangwerk:
Der Gang ist fließend, frei, leicht und geschmeidig, mit einem gut ausgewogenen, raumgreifenden Schritt. Die Vorder- und Hinterläufe bewegen sich gerade und parallel zur Mittellinie des Körpers. Bei größerer Geschwindigkeit bewegen sich die Vorder- und Hinterläufe in einer Konvergenz zum Schwerpunkt des Tieres, wobei der Rücken fest und gerade bleibt. Im Trab wird der Kopf in seiner natürlichen Position getragen, wobei der Hals sich nach vorne verlängert und der Kopf nahezu in einer Linie zur Rückenlinie oder geringfügig darüber getragen wird. Der Hund muss in der Bewegung flink und fähig sein, augenblicklich einen Richtungswechsel vorzunehmen oder eine andere Gangart einzuschlagen.

Haarkleid:
Das Haarkleid vermittelt insgesamt einen moderaten Eindruck. Das Haar ist von mittlerer Struktur, gerade bis wellig, wetterfest und von mittlerer Länge. Der Anteil des Unterhaares variiert abhängig von den klimatischen Bedingungen.
Haar: Am Kopf und an den Vorderseiten der Läufe ist das Haar kurz und glatt. Die Hinterseiten der Vorderläufe und die Hosen sind moderat befedert. Bei Rüden sind Mähne und Kragen moderat und ausgeprägter als bei Hündinnen. Das Haar kann an den Ohren, Pfoten, Rückseite der Sprunggelenke, Hintermittelfüßen und an der Rute getrimmt werden, sonst muss es als natürliches Haarkleid getragen werden. Ungetrimmte Tasthaare werden bevorzugt.
Schwerer Fehler: Nicht typisches Haarkleid.
Farbe: Die Farbgebung bietet Variabilität und Individualität. Ohne Präferenzen sind die anerkannten Farben Schwarz, Blue merle, Rot, Leberbraun und Red merle oder Leberbraun merle. Die Merlefarbgebung erscheint in jeder Ausprägung: Marmorierung, gefleckt oder als Sprenkel. Die Unterwolle kann etwas heller sein als das Deckhaar. Asymmetrische Abzeichen sind kein Fehler.
Lohfarbene Abzeichen: Lohfarbene Abzeichen sind nicht erforderlich, werden jedoch in allen der folgenden Bereiche akzeptiert: um die Augen, an Pfoten, Läufen, Brust, Nasenschwamm, Halsunterseite, Gesicht, Ohrunterseite, untere Profillinie des Körpers, unter der Rutenwurzel und an den Hosen. Lohfarbene Abzeichen variieren in Schattierungen von Creme-Beige bis dunkler Rost, ohne Präferenzen. Übergang in die Grundfarbe oder das Merle-Muster im Gesicht, an den Läufen, Pfoten und Hosen.
Weiße Abzeichen: Weiße Abzeichen sind nicht erforderlich, dürfen ggf. jedoch nicht dominieren. Stichelung in den weißen Abzeichen ist erlaubt. Das Weiß ist am Kopf nicht vorherrschend und die Augen sind vollständig von Farbe und Pigmentierung umgeben. Red merle und rote Hunde haben rote (lederbraunen) Pigmentierungen an den Augenrändern. Blue merle und schwarze Hunde haben schwarze Pigmentierung an den Augenrändern. Bevorzugt werden vollständig von Farbe bedeckte Ohren. Weiße Abzeichen in jeder Kombination und begrenzt auf Fang, Backen, Krone, Blesse auf dem Schädel, am Hals in einem Teil- oder Vollkragen, an Brust, Bauch, Vorderläufen und Hinterläufen bis zum Sprunggelenk und mit einem dünnen Ausläufer bis zum Knie. Ein geringer Anteil Weiß von der

unteren Profillinie kann von der Seite sichtbar sein, darf jedoch nicht mehr als 2,5 cm (1 Zoll) über den Ellbogen reichen. Die Haarlinie des weißen Kragens reicht nicht über den Widerrist an der Haut hinaus. Die Spitze einer natürlichen, nicht kupierten Rute kann Weiß enthalten.

Größe und Gewicht:
Widerristhöhe: Rüden 35,5 cm bis 46 cm; Hündinnen 33 cm bis 43,5 cm
Gewicht: Ein gesundes Gewicht wird auf der individuellen Größe, dem Geschlecht und der Substanz basieren.

Fehler:
Jede Abweichung von den vorgenannten Punkten muss als Fehler angesehen werden, dessen Bewertung in genauem Verhältnis zum Grad der Abweichung stehen sollte und dessen Einfluss auf die Gesundheit und das Wohlbefinden des Hundes zu beachten ist.

Schwere Fehler:
- Nicht typisches Haarkleid
- Stehohren oder Hängeohren
- Zwischen 25 und 50 Prozent pigmentierter Nasenspiegel
- Weiße Abzeichen, die mehr als 25 Prozent eines Ohres bedecken

Disqualifizierende Fehler:
- Aggressive oder übermäßig ängstliche Hunde.
- Hunde, die deutlich physische Abnormitäten oder Verhaltensstörungen aufweisen
- Unter 35,5 cm und über 46 cm für Rüden; unter 33 cm und über 43,5 cm für Hündinnen. Die im Rassestandard festgelegten Mindesthöhen gelten nicht für Rüden oder Hündinnen mit einem Alter unter sechs Monaten.
- Mehr als 50 Prozent fehlende Pigmentierung am Nasenspiegel
- Vor- oder Rückbiss
- Andere als die anerkannten Farben. Weiße Körpersprenkel, das heißt, auffälliger, isolierter weißer Fleck oder Platte im Bereich zwischen Widerrist und Rute, auf dem Rücken oder an den Seiten zwischen den Ellbogen und der Hinterseite der Hinterläufe.

N.B.:
- Rüden müssen zwei offensichtlich normal entwickelte Hoden aufweisen, die sich vollständig im Hodensack befinden.
- Zur Zucht sollen ausschließlich funktional und klinisch gesunde, rassetypische Hunde zugelassen werden.

Bei dem MAS ist der Größenunterschied zwischen Rüde und Hündin nicht so ausgeprägt wie beim Aussie.

Interpretation der Rassestandards

Beim Aussie erkennt man klar den Unterschied zwischen Rüde und Hündin.

Ein Rassestandard ist eine Leitlinie und ein Maßstab dafür, wie ein Hund bewertet werden soll, was besonders für Züchter sehr wichtig ist. Er beschreibt, was dem Ideal entsprechen sollte und lässt einem doch Interpretationsspielraum. Auch wenn man vielleicht gar nicht züchten möchte, ist es nie verkehrt, mehr über „seine" Rasse zu erfahren, um vielleicht auch gute und weniger gute Züchter unterscheiden zu können.

Das Gebäude des Aussies und des MAS wird bis ins Detail genau beschrieben. Aber die wichtigste Eigenschaft dieser Rassen ist es, eine moderate Struktur zu haben. Denn nur so können sie schnell genug beschleunigen, sind sehr agil und können binnen Millisekunden die Gangart wechseln. Außerdem müssen sie genügend Kraft und Ausdauer haben, um den ganzen Tag zu arbeiten und Wind und Wetter zu trotzen. Diese Eigenschaften sind von so großer Bedeutung, wenn die Hunde am Vieh arbeiten sollen. Sie müssen schnell und wendig sein, um ausweichen zu können, und blitzschnell die Richtung ändern, um Vieh auszumanövrieren. Aber nicht nur beim Hüten ist das von großem Vorteil, sondern auch im Sport.

Alles, was ins Extreme geht, kann der Rasse nur schaden. Daher sollten ein zu dicker, runder Kopf, ein extremer Stopp, überschüssige Haut, zu kurze Beine sowie zu große und schwere Ohren unbedingt vermieden werden. Rüden und Hündinnen sind deutlich zu unterscheiden, nicht nur an ihrer Größe, wobei der Größenunterschied laut Standard zwischen Rüde und Hündin beim Australian Shepherd in Relation stärker ist als beim kleineren Miniature American Shepherd. Rüden strahlen Maskulinität aus, ohne dabei zu massig zu wirken, wohingegen Hündinnen feminin erscheinen, ohne zu schmal zu wirken.

Der Schädel der Rüden ist meist kräftiger als bei Hündinnen. Beim Aussie sollte dieser flach bis leicht gewölbt (Schädeldach) sein, beim MAS ist dieser flach bis mäßig rund. Der Kopf sollte im guten Größenverhältnis zum Körper stehen. Der Stopp ist beim Aussie gut definiert und moderat, beim MAS eher mäßig, aber dabei definiert ausgebildet. Sie müssen bedenken, dass der Winkel des Stopps das Abprallen eines Tritts (zum Bespiel von einem Rind) ermöglichen muss; abrupte Stopps würden hier große Verletzungen verursachen.

Außerdem sollten die Augen korrekt schräg platziert sein. Dies ist wichtig, da das gesamte Gesichtsfeld eines Hundes von der Kopfform und der Platzierung der Augen abhängt. Die Anordnung ermöglicht einen weiten Blickwinkel der peripheren Sicht, der für beide Rassen sowohl bei der Arbeit als Hütehund als auch beim Hundesport von großer Bedeutung und Vorteil ist.

Bei beiden Rassen unterscheidet man die Kippohren von den Rosenohren und den Buttonohren. Alle drei Varianten sind beim Standard zugelassen.
Zu große Ohren, hängende Ohren und Stehohren sind dagegen schwere Fehler.

Zwei unterschiedlich gefärbte Augen – hier bei einem Blue merle bi – sind nicht selten und auch laut Standard zugelassen.

Bei diesem Aussie sind die Ohren leider etwas zu groß geraten.

Am Beispiel von drei Miniature American Shepherds erkennt man den Unterschied:
a) Kippohr b) Rosenohr c) Buttonohr

Die Rute sollte keine Ringelrute sein, denn auch das ist ein schwerer Fehler. In der Bewegung sollte der Aussie leicht, frei und geschmeidig sein, mit einem raumgreifenden Schritt.

Er muss in der Lage sein, augenblicklich die Richtung oder die Gangart zu wechseln, schwere und plumpe Bewegungen sind absolut unerwünscht.

Fehler in der Bewegung sieht man vor allem im Trab. Hier offenbart sich eine schlechte Struktur, was die Effizienz und Kraft negativ beeinflusst.

Hier sieht man gut den erwünschten raumgreifenden Schritt.

Vom Überkreuzen bis hin zum parallelen Laufen gibt es einige Bewegungsabläufe, die nicht korrekt sind. Idealerweise sollte der Aussie die Beine in einer geraden Linie von der Schulter bis zum Fußballen bewegen. Mit zunehmender Geschwindigkeit nähern sich die Pfoten sowohl vorne als auch hinten dem Schwerpunkt, wobei der Rücken gerade und fest bleibt.

Im Standard steht, dass sowohl Vorder- als auch Hinterbeine lotrecht und parallel zueinanderstehen sollen. Das ist etwas verwirrend. Beim Laufen sollten die Beine ein „V" bilden. Das nennt sich dann Single Tracking. In den folgenden Grafiken ist gezeigt, welche Fehlstellungen es gibt und wie die korrekte Beinstellung (siehe nächste Seite) aussehen sollte.

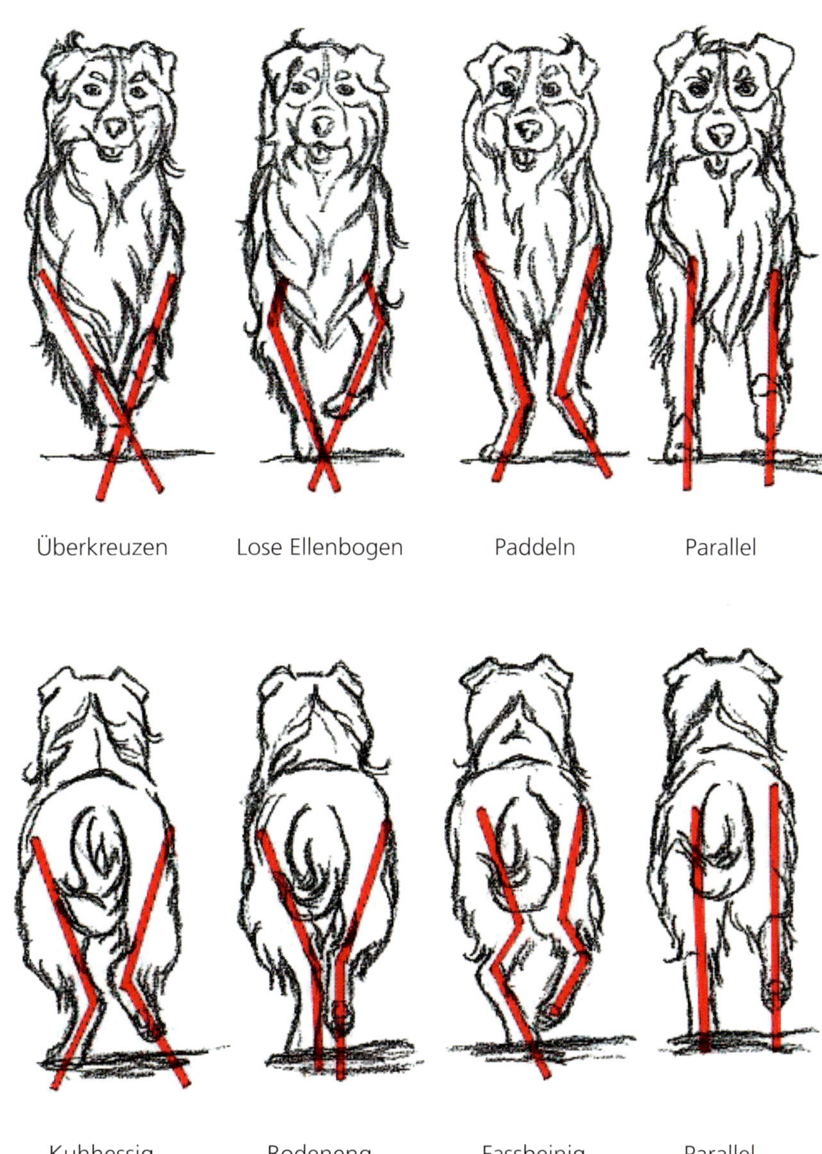

Die falschen Beinhaltungen beim Laufen ▶

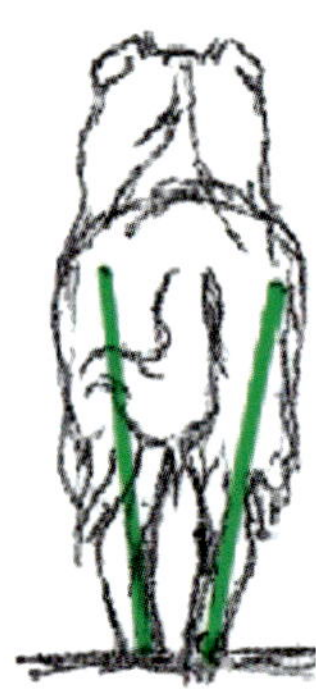

◄ Im Stand sollten die Beine parallel sein, im Lauf in einer leichten V-Form (Single Tracking).

Ein Beispiel für die richtige Beinstellung im Stand

So sieht das „Single Tracking" beim Laufen aus.

Auch das Fell sollte moderat und nicht zu weich sein, da es für extremes Wetter ausgelegt ist, sei es Hitze, Nässe oder Kälte. Ein zu langes Fell und zu viel Unterwolle würden den Aussie nur bei der Arbeit beeinträchtigen. Daher kann ich auch immer wieder nur erwähnen: Ein gesunder (!) Aussie sollte niemals geschoren werden und benötigt auch keinen Regenmantel. Sein Fell ist für alles gewappnet. Schert man den Hund, geht der natürliche Schutz verloren und das Fell wächst oft nicht so nach, wie man es sich wünscht. Es neigt zu Verfilzungen und schützt nicht mehr so, wie es sollte.

Durch ihr dichtes Fell sind die Aussies (hier ein Black tri, ein Red merle und ein Blue merle) vor Wind und Wetter geschützt.

Farben und Farbvererbung

Der Australian Shepherd und ebenso der Miniature American Shepherd sind bekannt für ihre vielfältigen und beeindruckenden Farbvariationen, die durch komplexe genetische Mechanismen bestimmt werden. Nicht ohne Grund wurden sie früher auch „Bunter Hund" genannt. Die Fellfarben diese Hunde reichen von Solid-Farben wie Schwarz und Rot über Blue merle und Red merle bis hin zu verschiedenen Kombinationen und Musterungen.

Die Farbvererbung wird durch eine Vielzahl von Genen kontrolliert, die für die Produktion von Melanin und die Verteilung von Pigmenten im Fell verantwortlich sind. Diese Gene interagieren auf komplexe Weise und bestimmen, welche Farben und Muster ein Welpe letztendlich haben wird, basierend auf den Genen, die er von seinen Elterntieren erbt.

Besonders markant ist das Merle-Gen, das für die außergewöhnliche Musterung im Fell verantwortlich ist. Wenn ein Hund mit einem Merle-Gen mit einem Nicht-Merle gepaart wird, können Welpen mit verschiedenen Merle-Varianten entstehen, die einzigartige und auffällige Muster aufweisen (hierzu später mehr).

Die Vielfalt der Farben und Muster beim Aussie und beim MAS macht jede Hündin und jeden Rüden dieser Rassen zu einem individuellen und wunderschönen Hund mit einer einzigartigen äußeren Erscheinung. Mit zwei grundlegenden Fellfarben, Schwarz und Rot, bilden Variationen dieser Grundfarben die äußerliche Erscheinung (Phänotyp). Diese Variationen werden maßgeblich durch das Vorhandensein oder Fehlen von Abzeichen in den Farben Weiß und Kupfer sowie durch die Merle-Musterung geprägt.

Die Farbenvielfalt beim Australian Shepherd

Begriffserklärung

Homozygot
Ein Hund ist homozygot für ein bestimmtes Merkmal, wenn beide Kopien des entsprechenden Gens identisch sind. Dies bedeutet, dass beide Gene für das Merkmal gleich sind, sei es dominant oder rezessiv.

Heterozygot
Ein Hund ist heterozygot, wenn die beiden Kopien des betreffenden Gens unterschiedlich sind. In diesem Fall trägt der Hund jeweils eine dominante und eine rezessive Version des Gens für das Merkmal.

Phänotyp
Der Phänotyp eines Hundes bezieht sich auf die äußerliche Erscheinung oder die beobachtbaren Merkmale, die durch die Wechselwirkung von Genen und Umwelt entstehen. Er beschreibt, wie der Hund tatsächlich aussieht oder sich verhält.

Genotyp
Der Genotyp eines Hundes bezieht sich auf die genetische Zusammensetzung, also die Anordnung von Genen oder die genetische Information, die der Hund von seinen Eltern erbt. Er beschreibt die spezifischen Gene, die ein Hund für bestimmte Merkmale trägt, unabhängig davon, ob sie sich im Phänotyp zeigen oder nicht.

Rezessiv
Ein Merkmal wird als rezessiv bezeichnet, wenn es nur zum Ausdruck kommt, wenn beide Kopien des Gens für dieses Merkmal rezessiv sind. In der Regel zeigt sich ein rezessives Merkmal nur dann im Phänotyp eines Hundes, wenn beide Elternteile das rezessive Gen tragen und an ihre Nachkommen weitergeben.

Dominant
Ein Merkmal wird als dominant bezeichnet, wenn es sich durchsetzt und im Phänotyp eines Hundes auch dann erscheint, wenn nur eine der beiden Genkopien das dominante Gen trägt. Dominante Merkmale werden sichtbar, wenn das dominante Gen von einem oder beiden Elternteilen vererbt wird.

Ein Hund erhält jeweils ein Allel für jede Merkmalseigenschaft von jedem Elternteil, da Hunde diploide Organismen (doppelter Chromosomensatz) sind. Für die Grundfarben Schwarz und Rot gibt es jeweils verschiedene Allele an einem bestimmten Genort im Genom des Hundes.
Die Vererbung der Grundfarben Schwarz und Rot erfolgt in einem rezessiven Vererbungsmuster. Das Allel für Schwarz (B) ist dominant gegenüber dem Allel für Rot (b). Dies bedeutet, dass ein Hund, der das dominante Allel für Schwarz von einem Elternteil und das rezessive Allel für Rot vom anderen Elternteil erbt, schwarzes Fell aufweisen wird. Ein Hund muss also zwei rezessive Allele für die rote Farbe erben, um ein rotes Fell zu haben.
Die beiden Grundfarben treten durch verschiedene Ausprägungen des Eumelanins auf. Ob ein Hund nun schwarz oder rot aussieht, hängt davon ab, wie viel Eumelanin produziert wird. Das rote Allel bedingt, dass die Zellen nicht in der Lage sind, Eumelanin in einer solchen Menge zu produzieren, dass genug für eine schwarze Fellfärbung vorhanden ist. Aufgrund dieser Tatsache ist es auch leicht verständlich, dass Rot rezessiv gegenüber schwarz ist.

Ein roter Australian Shepherd trägt zwei rezessive Allele für die rote Farbe (**bb**). Wenn ein roter Australian Shepherd mit einem schwarzen Australian Shepherd (**BB**) verpaart wird, erhalten alle Welpen ein Allel für Schwarz von dem schwarzen Elternteil und ein Allel für Rot von dem roten Elternteil. Da das Allel für Schwarz dominant ist, erscheinen alle Welpen äußerlich schwarz, tragen jedoch intern das rezessive Allel für Rot. Wenn nun zwei dieser schwarzen Welpen, die das Allel für Rot tragen (**Bb**), miteinander verpaart werden, besteht die Möglichkeit, dass eines der rezessiven Rot-Allele von jedem Elternteil weitervererbt wird. Auf

Ein Miniature American Shepherd mit der Farbe Black bi, also einfarbig Schwarz mit weißen Abzeichen

Hier sind gut die Varianten der Farbe Black tri beim Australian Shepherd zu erkennen.

diese Weise können einzelne Welpen in diesem Wurf die rote Fellfarbe zeigen, da sie nun beide rezessive Allele für Rot (bb) haben. Die Vererbung der roten Farbe ist also von der Anwesenheit zweier rezessiver Allele für Rot abhängig, die von beiden Elternteilen weitergegeben werden müssen, damit ein Welpe die rote Fellfarbe aufweist.

Für die Grundfärbung heißt dies nun, dass folgende Variationen auftreten:

BB = Phänotyp Schwarz
Bb = Phänotyp Schwarz, trägt ein Gen für Rot (red-factored)
bb = Phänotyp Rot

Die Produktion von Eumelanin in den Hautzellen wird durch das Melanozyten Stimulierende Hormon (MSH) gesteuert, was zu verschiedenen Farben wie Falbfarben, Grau, Braun und Schwarz führt. Eumelanin ist auch für die Färbung der Augen und der Nase zuständig. Somit haben Hunde, die nur das braune Eumelanin produzieren können, eine braune Nase und meist bernsteinfarbene Augen.

Wie schon erwähnt werden die Grundfarben durch unterschiedliche Ausprägungen des Eumelanins bestimmt, wobei ein Gen maßgeblich für die Entscheidung zwischen Schwarz und Rot ist. Die genetische Variation führt zu verschiedenen Kombinationen von Allelen und somit zu

Ein Australian Shepherd mit der Farbe Red bi, also einfarbig Rot mit weißen Abzeichen

Ein Black tri-Rüde und eine Red merle-Hündin

unterschiedlichen Fellfarben. Neben den Grundfarben spielt auch das Phäomelanin eine Rolle bei der Bildung von kupferfarbenen Abzeichen und der seltenen Fehlfarbe Yellow (siehe weiter unten), wobei genetische Loci wie der E-Locus die Farbbestimmung beeinflussen und die Komplexität der Farbgenetik bei diesen Rassen verdeutlichen.

Ein Red bi mit blauen Augen kommt relativ selten vor.

Die anerkannten Fellfarben

Black solid	einfarbig Schwarz
Black bi	Schwarz mit weißen Abzeichen
Black bi (copper trim)	Schwarz mit kupferfarbenen Abzeichen an Beinen, Wangen, über den Augen und unter der Rute
Black tri	Schwarz mit weißen und kupferfarbenen Abzeichen
Blue merle	unregelmäßige schwarze Haare mit weißen oder silberfarbenen gemischt
Blue merle bi (copper trim)	Blue merle mit kupferfarbenen Abzeichen
Blue merle bi	Blue merle mit weißen Abzeichen
Blue merle c/w	Blue merle mit weißen und kupferfarbenen Abzeichen
Red solid	einfarbig Rot
Red bi	Einfarbig Rot mit weißen Abzeichen
Red bi (copper trim)	Rot mit kupferfarbenen Abzeichen an Beinen, Wangen, über den Augen und unter der Rute
Red tri	Rot mit weißen und kupferfarbenen Abzeichen
Red merle	unregelmäßig rote Haare mit weißen oder kupferfarbenen Haaren gemischt
Red merle bi	Red merle mit weißen Abzeichen
Red merle bi (copper)	Red merle mit kupferfarbenen Abzeichen
Red merle c/w	Red merle mit weißen und kupferfarbenen Abzeichen

Mögliche Verpaarungen

Anpaarungskombinationen (♥= red factored)

Black x Black = 100 % Black

Eltern	Black	
Black	Black	Black
	Black	Black

100 % Black tri

Black x Black red factored = 50 % Black und 50 % Black red factored

Eltern	Black red factored	
Black	Black	Black
	Black red factored	Black red factored

100 % Black tri

Black red factored x Black red factored = 25 % Black, 50 % Black red factored, 25 % Red

Eltern	Black red factored	
Black red factored	Black	Black red factored
	Black red factored	Red

75 % Black tri – 25 % Red tri

Black x Red = 100 % Black red factored

Eltern	Red	
Black	Black red factored	Black red factored
	Black red factored	Black red factored

100 % Black tri

Black red factored x Red = 50 % Black red factored und 50 % Red

Eltern	Red	
Black red factored	Black red factored	Black red factored
	Red	Red

50 % Black tri – 50 % Red tri

Black x Blue merle = 50 % Black und 50 % Blue merle

Eltern	Blue merle	
Black	Black	Black
	Blue merle	Blue merle

50 % Black tri – 50 % Blue merle

Blue merle x Black red factored = 25 % Blue merle, 25 % Black, 25 % Blue merle red factored und 25 % Black red factored

Eltern	Black red factored	
Blue merle	Blue merle	Black
	Blue merle red factored	Black red factored

50 % Black tri – 50 % Blue merle

Blue merle red factored x Black =
25 % Blue merle, 25 % Black, 25 % Blue merle red factored und 25 % Black red factored

Eltern	Black	
Blue merle red factored	Blue merle	Black
	Blue merle red factored	Black red factored

50 % Black tri – 50 % Blue merle

Blue merle red factored x Black red factored =
37,5 % Blue merle red factored, 37,5 % Black red factored, 12,5 % Red und 12,5 % Red merle

Eltern	Black red factored	
Blue merle red factored	Blue merle red factored	Black red factored
	Red merle	Red

37,5 % Black tri – 37,5 % Blue merle – 12,5 % Red tri – 12,5 % Red merle

Red merle x Black =
50 % Black red factored und 50 % Blue merle red factored

Eltern	Black	
Red merle	Black red factored	Black red factored
	Blue merle red factored	Blue merle red factored

50 % Black tri – 50 % Blue merle

Red merle x Black red factored =
25 % Red, 25 % Red merle, 25 % Black red factored und 25% Blue merle red factored

Eltern	Black red factored	
Red merle	Red	Red merle
	Black red factored	Blue merle red factored

25 % Black tri – 25 % Blue merle – 25 % Red tri – 25 % Red merle

Red x Red = 100 % Red

Eltern	Red	
Red	Red	Red
	Red	Red

100 % Red tri

Red x Red merle = 50 % Red, 50 % Red merle

Eltern	Red merle	
Red	Red	Red
	Red merle	Red merle

50 % Red tri – 50 % Red merle

Red x Blue merle =
50 % Blue merle red factored und 50 % Black red factored

Eltern	Blue merle	
Red	Blue merle red factored	Blue merle red factored
	Black red factored	Black red factored

50 % Black tri – 50 % Blue merle

Red x Blue merle red factored =
25 % Red, 25 % Red merle, 25 % Blue merle red factored und 25 % Black red factored

Eltern	Blue merle red factored	
Red	Red	Red merle
	Blue merle red factored	Black red factored

25 % Black tri – 25 % Blue merle – 25 % Red tri – 25 % Red merle

Vererbung von Tri- und Bicolor

So wie die roten Faktoren werden auch die kupferfarbenen und weißen Abzeichen rezessiv weitervererbt. Das impliziert, dass ein Hund äußerlich (phänotypisch) zweifarbig erscheinen kann, dennoch Träger von Kupfer oder Weiß sein und diese Merkmale an seine Nachkommen weitergeben kann.

Kupferfarbene Abzeichen

Die Entstehung der kupferfarbenen Abzeichen wird durch die A-Reihe beeinflusst.

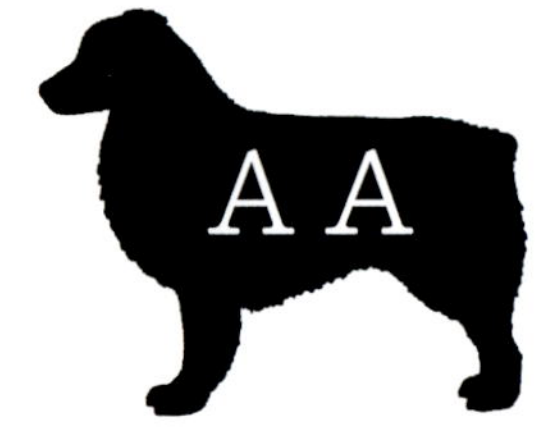

= keine kupferfarbenen Abzeichen
(solid black/red oder black/red white oder solid blue/red merle oder blue/red merle white)

= Kupferträger, aber keine kupferfarbenen Abzeichen
(solid black/red oder black/red white oder solid blue/red merle oder blue/red merle white)

= kupferfarbenen Abzeichen
(an Kopf, Beinen und über den Augen, t = trim)
(black/red copper/white oder black/red copper/white oder blue/red merle copper oder blue/red merle copper/white)

Bei diesem Rüden sind die kupferfarbenen Abzeichen gut zu erkennen. ▶

Verpaarung mit AA (ohne kupferfarbene Abzeichen) x atat (mit kupferfarbenen Abzeichen) ergibt bei den Nachzuchten folgendes Ergebnis: 100 % Aat (ohne Abzeichen in Kupfer, aber Kupferträger)

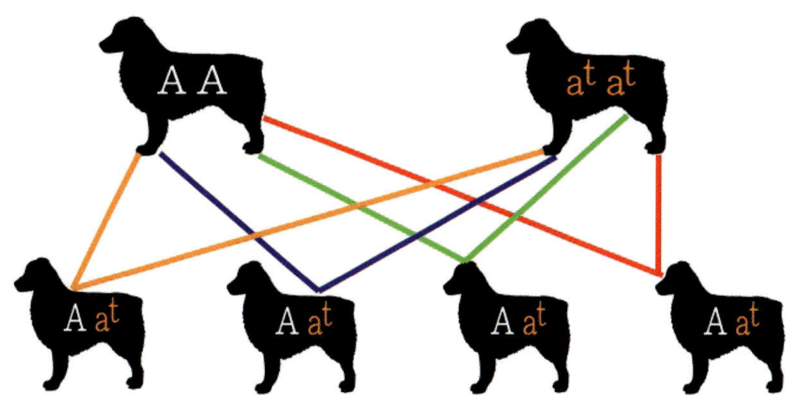

Wenn beispielsweise ein zweifarbiger Hund und ein dreifarbiger Hund verpaart werden und ihre Nachkommen alle bicolor sind, so kann man schlussfolgern, dass das bicolorfarbene Elternteil kein Kupferträger ist, sondern reinerbig für das Fehlen von kupferfarbenen Abzeichen.

Verpaarung mit Aat (ohne kupferfarbene Abzeichen, aber Kupferträger) x atat (mit kupferfarbenen Abzeichen) ergibt bei den Nachzuchten folgendes Ergebnis:
- ~ 50 % Aat (ohne kupferfarbene Abzeichen, aber Kupferträger)
- ~ 50 % atat (mit kupferfarbenen Abzeichen)

Wenn ein Bicolor mit einem Tricolor verpaart wird und sowohl zweifarbige als auch dreifarbige Nachkommen entstehen, muss das bicolorfarbene Elterntier Kupfer tragen, um dieses Merkmal an seine Nachkommen weitergeben zu können.

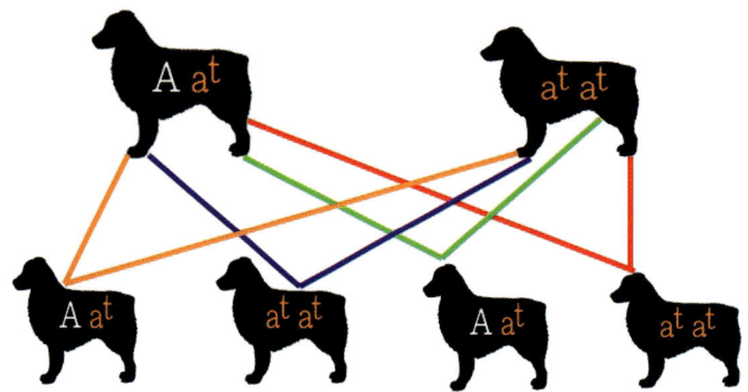

Verpaarung mit Aat (ohne kupferfarbene Abzeichen, aber Kupferträger) x Aat (ohne kupferfarbene Abzeichen, aber Kupferträger) ergibt bei den Nachzuchten folgendes Ergebnis:
- ~ 25 % AA (ohne kupferfarbene Abzeichen)
- ~ 50 % Aat (ohne kupferfarbene Abzeichen, Kupferträger)
- ~ 25 % atat (mit kupferfarbenen Abzeichen)

Wenn zwei Hunde verpaart werden, die selbst keine kupferfarbenen Abzeichen aufweisen, jedoch das Kupfer-Gen tragen, werden voraussichtlich 3/4 ihrer Nachkommen keine kupferfarbenen Abzeichen besitzen, jedoch werden einige Kupferträger sein. Man kann davon ausgehen, dass 1/4 des Wurfs das Merkmal der kupferfarbenen Abzeichen aufweisen wird.

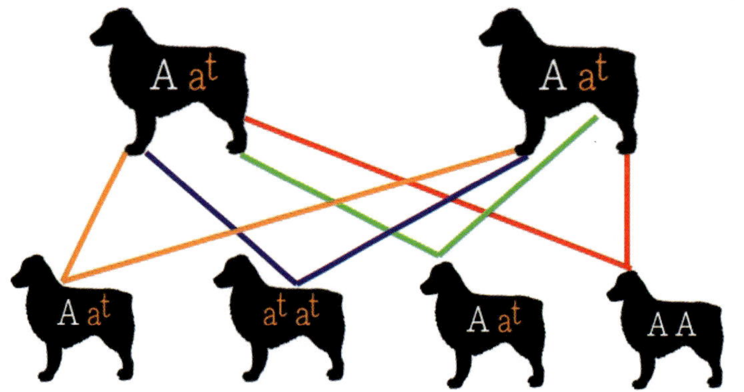

Weiß beim Australian Shepherd und MAS

Die weiß erscheinende Farbe bei diesen beiden Rassen ist keineswegs reines Weiß, sondern resultiert aus unterschiedlichen Genvarianten, die eine optische Erscheinung von Weiß im Fell erzeugen. Gegenwärtig sind drei Mechanismen bekannt, die zu diesem weißen Erscheinungsbild führen, wovon zwei beim Australian Shepherd (und Miniature American Shepherd) vorkommen: der M-Locus und der S-Locus. Obwohl diese Hunde kein tatsächliches weißes Pigment aufweisen, erscheinen sie optisch weiß, da ihnen jegliches Pigment fehlt.
In bestimmten Situationen, in denen die weiße Färbung bis zu den Ohren reicht, besteht ein erhöhtes Risiko für Taubheit. Insbesondere extreme Weiß-Scheckungen, die durch den S-Locus bestimmt sind und beispielsweise beim Dogo Argentino vorkommen, oder auch die Doppelung des Merle-Gens durch den M-Locus (Double Merle) können zu Taubheit führen. Es existiert außerdem eine Art von Weiß, bei der aufgrund einer guten Pigmentierung der Haut keine Taubheitsprobleme auftreten (z. B. bei Rassen wie Samojede oder Weißer Schweizer Schäferhund), die jedoch beim Australian Shepherd nicht anzutreffen ist und daher nicht weiter darauf eingegangen wird.

Extrem-Scheckung und Weiß durch homozygotes Merle deuten darauf hin, dass ein erhöhtes Risiko für Taubheit besteht, je intensiver das Weiß um die Ohren und im Gehörgang auftritt. Gemäß dem Rassestandard des Australian Shepherds wird daher gefordert, dass Augen vollständig von farbigem Fell umgeben sind und dass ein weißer Kragenansatz nicht hinter den Widerrist reichen sollte. Ähnliche Restriktionen bezüglich der Farbe Weiß sind auch im Standard des Miniature American Shepherds zu finden.

In Rassen, in denen eine auffällige Weißzeichnung gewünscht ist, wie z. B. beim Dogo Argentino, tritt das Gen für übermäßige Weißscheckung (excessive white und pattern white, S-Locus) auf. Diese charakteristische Eigenschaft des Extremscheckens wird durch den S-Locus (S = spotting/Fleckung/Scheckung) bestimmt. Die S-Serie ist vielschichtig und wird je nach Rasse von verschiedenen Modifikatoren beeinflusst, was zu unterschiedlichen Weißzeichnungen führen kann, abhängig von der spezifischen Genkombination.

Bei diesem Aussie mit Doppelmerle ist das Weiß extrem ausgeprägt.

Vererbung von Weiß

Die Ausprägung der weißen Fellfarbe beim Australian Shepherd und beim MAS kann entweder durch Kreuzungen von Merle-Trägern oder durch die Weitergabe über die Gene des S-Locus verursacht werden. Die Vererbung des weißen Fells über die S-Serie ist jedoch komplex, da es sich um einen Erbgang handelt, der als teilweise dominant betrachtet wird. Genetisch können verschiedene Gene innerhalb eines Genpaars existieren, ohne sich gegenseitig auszuschließen. Es sind derzeit vier Allele bekannt, die in diversen Kombinationen auftreten. Es wird vermutet, dass es noch weitere Gene gibt, die an der Vererbung der weißen Fellfarbe beteiligt sind. Daher werden nicht alle möglichen Genkombinationen aufgeführt, sondern nur die einzelnen Gene, die beliebig kombiniert werden können.

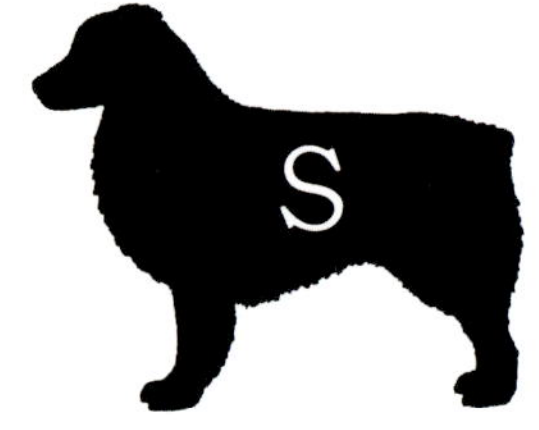

= solid, einfarbig, kein Weiß

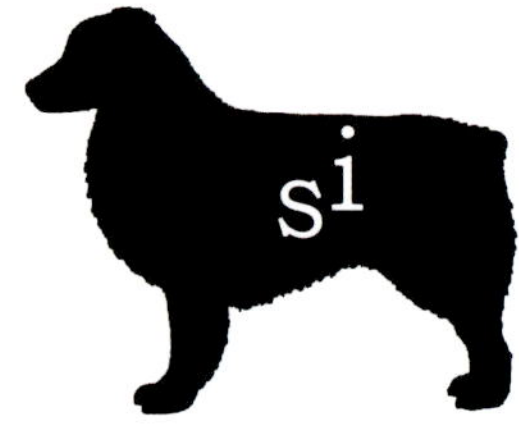

= Irish Spotting, weiße Abzeichen im Gesicht, Kragen und an den Beinen
Australian Shepherds und Miniature American Shepherd sollten über folgende Genkombinationen verfügen:

SS = einfarbig ohne sichtbare weiße Abzeichen
Ssi = einfarbig oder größtenteils einfarbig mit minimalen weißen Abzeichen
sisi = „korrekte“ (gemäß Rassestandard) weiße Abzeichen an Kopf, Hals und/oder Beinen

Folgende Gene sind beim Australian Shepherd und Miniature American Shepherd unerwünscht und zuchtausschließend:

= „Piebald“ oder „Pattern White“ bezeichnen eine unregelmäßige Weißscheckung, die sich von den deutlich abgegrenzten Abzeichen des „Irish Spotting“ unterscheidet.

= „Extreme Pattern White“ bezieht sich auf Hunde, die komplett oder nahezu vollständig weiß sind, wobei Pigmente hauptsächlich an den Ohren, den Augen und der Rute vorhanden sind.

Das Merle-Gen

Die Merle-Zeichnung stellt ein faszinierendes genetisches Merkmal dar, bei dem spezifische Bereiche des Fells in unterschiedlichem Maße aufgehellt werden, wodurch die Grundfarben Schwarz oder Rot durchbrochen sind. Hunde mit dieser charakteristischen Zeichnung zeigen sich gescheckt, wobei das Verhältnis zwischen den normal gefärbten und aufgehellten Bereichen individuell stark variiert. Diese spezielle Zeichnung tritt nicht nur beim Australian Shepherd und Miniature American Shepherd auf, sondern auch bei anderen Rassen wie Collie, Border Collie, Dackel, Berger des Pyrénées, Chihuahua und vielen weiteren. Es sei zu betonen, dass es heute viele Rassen gibt, bei denen der M-Lokus (Merle) nachweisbar ist, bei denen aber dieses Gen nicht wie beim Aussie zu Anbeginn ihrer Entstehung enthalten war, sondern durch Einkreuzung mit merlefarbenen Hunden entstanden ist. Dieser Entwicklung sollte kritisch entgegengeschaut werden.

Die Merle-Fellzeichnung entsteht durch eine unregelmäßige Aufhellung des Eumelanins, was zu einer blaugrauen Färbung bei Blue merle und einer beigen Erscheinung bei Red merle führt, indem schwarze bzw. rote Haare beeinflusst werden. Während das Phäomelanin unverändert bleibt, muss der Hund weiterhin Eumelanin produzieren, um diese besonderen Farben aufzuweisen. Merle-Hunde zeigen häufig teilweise oder vollständig blaue Augen, was

Schon beim Welpen ist die Blue merle-Zeichnung deutlich zu erkennen.

Dieser Aussie hat ein kryptisches Merle, auch Phantom-Merle genannt. Man kann nur die Merle-Färbung erahnen.

mit bestimmten Gesundheitsrisiken verbunden ist. Hunde, die homozygot für das Merle-Gen sind (MM), sind anfällig für verschiedene Anomalien wie Taubheit und Sehbeeinträchtigungen aufgrund Mutationen im SILV-Gen (Silver-Locus), das für die Reifung der Melanosomen verantwortlich ist.
Untersuchungen des SILV-Gens, das an der Melaninproduktion beteiligt ist, haben gezeigt, dass Mutationen nicht nur die Merle-Färbung bei Hunden beeinflussen, sondern auch bei anderen Tierarten wie Mäusen, Rindern, Pferden und Hühnern zu Veränderungen in der Fellfarbe führen können. Beim Australian Shepherd befindet sich das SILV-Gen auf Chromosom 10 und Mutationen in diesem Gen können die Merle-Färbung hervorrufen.
Die Vererbung der Merle-Färbung erfolgt über verschiedene Genotypen wie homozygote Merle-Hunde (MM), heterozygote Merle-Hunde (Mm) und solide Hunde (mm), wobei die homozygote Form gesundheitliche Risiken birgt (siehe auch Kasten unten).
Das Auftreten von Phantom-Merles oder kryptischen Merles stellt eine komplexe Situation dar, in der die Merle-Färbung lediglich in kleinen Bereichen des Fells sichtbar ist und durch minimale Eingriffe verdeckt werden kann.
Es bleibt eine offene Frage, ob die mit der Merle-Färbung assoziierten Gesundheitsprobleme ausschließlich durch Mutationen im SILV-Gen verursacht werden oder ob weitere genetische Einflüsse beteiligt sind. Neue Erkenntnisse zu verschiedenen Allelen des SILV-Gens werden in der genetischen Forschung erwartet, um zusätzliche Zusammenhänge und Mechanismen aufzuklären.

MM = homozygot merlefarbener Hund (meist krank)
Mm = heterozygot merlefarbener Hund
mm = solid Hund

Das Problem der falschen Verpaarung

Die Diskussion um Australian Shepherds mit der Merle-Farbzeichnung als Qualzucht ist ein kontroverses Thema, das viele Tierschützer und Aussie-Besitzer gleichermaßen beschäftigt. Aussagen wie „Australian Shepherds in der Merle-Farbe sind eine Qualzucht. Viele von ihnen sind taub und blind. Ihre Lebenserwartung ist geringer als die von Australian Shepherds ohne diese Gen-Mutation" sorgen für Unmut bei denjenigen, die mehr über die Hintergründe wissen. Diese Behauptungen werden als unqualifiziert angesehen und beeinträchtigen das Ansehen einer ansonsten großartigen Hunderasse.

Das Merle-Gen ist ein uraltes Element in der Hundezucht und kein modernes Konzept. Diese genetische Mutation existiert seit vielen Jahrhunderten und trat erstmals bei europäischen Hütehunden auf, die maßgeblich zur Entstehung des Australian Shepherds beitrugen. Die Historie dieses Arbeitshundes hebt seine Fähigkeiten als Schaf- und Rinderhüter hervor dank seiner Robustheit, Tapferkeit und Intelligenz im Vergleich zu anderen Hütehundrassen.

Probleme treten auf, wenn zwei Merles miteinander verpaart werden, was zu ernsthaften Gesundheitsrisiken wie Taubheit und Blindheit bei den Nachkommen führen kann. Aus diesem Grund ist eine solche Verbindung in einigen Ländern bereits verboten. Durch Gentests in Laboren wie EVG oder Tilia lässt sich feststellen, ob ein Hund das Merle-Gen trägt oder nicht. Bei einer entsprechenden Testung der Elterntiere wird vermieden, dass versehentlich zwei merletragende Hunde miteinander verpaart werden.

Double Merle

Double Merle bzw. Merle x Merle (M-Locus) tritt auf, wenn ein Hund homozygot für das Merle-Gen ist, das Merle-Gen also doppelt trägt. Diese Hunde zeigen die bekannte Merle-Zeichnung, bei der die Grundfarbe an einigen Stellen aufgehellt wird. Double Merle-Hunde weisen jedoch gesundheitliche Probleme auf wie Taubheit und Augenerkrankungen bis Blindheit. Solche Verpaarungen sind in Deutschland verboten, da sie als Qualzucht betrachtet werden. Im Zusammenhang mit der Geschichte des Aussies gab es viele Merle x Merle-Verpaarungen, die auf unverantwortliche Züchtung zurückzuführen sind.

Hunde mit Merle-Zeichnung, die nur ein Gen für die Merle-Zeichnung tragen sind dagegen nicht krankheitsanfälliger als andere Hunde. Auch wenn diese Info in den letzten Jahren immer häufiger verbreitet wurde, ist sie schlichtweg falsch.

Diese beiden Aussies sind aus Verpaarungen Merle x Merle hervorgegangen, wodurch sie nicht nur extrem viel Weiß und blaue Augen hatten, sondern leider auch taub waren.

Aktuell ist der Trend zur Merle-Färbung bei Hunden stark verbreitet und führt dazu, dass sie vermehrt in andere Rassen und Mischlinge eingekreuzt wird, was das Risiko gesundheitlicher Probleme erhöht. Besorgniserregend ist, dass ein Hund das Merle-Gen tragen kann, ohne äußerliche Anzeichen zu zeigen. Dadurch könnten genetische Anomalien unentdeckt bleiben, da nur kleine Stellen im Fell aufgehellt sind, was eine unbeabsichtigte Verpaarung von zwei Merle-Hunden und die damit verbundenen Risiken begünstigen könnte.

Die verschiedenen Genvarianten

Die Vererbung von Merle in Hunden wird durch die genetische Information, die auf den Basenpaaren in den DNA-Molekülen codiert ist, bestimmt. Dabei spielt die Länge der DNA-Stränge eine wichtige Rolle bei der Erbschaft und Übertragung von Merle. In Bezug auf die Genvarianten beim Merle-Gen, wie **M^a**, **M^c**, **M^{c+}**, **m**, **M**, **M^{a+}** und **M^h**, haben diese spezifische Bedeutungen:

- **M^a** steht für das Merle-Allel, das für die normale Merle-Färbung kodiert.
- **M^c** bezieht sich auf ein Merle-Allel, das zu einer verlängerten oder geänderten Form des regulären Merle-Musters führen kann.
- **M^{c+}** repräsentiert ein Merle-Allel mit einer anderen Form des Merle-Musters.
- **m** steht für das Allel, das für die Abwesenheit des Merle-Musters kodiert.
- **M** steht für das dominante Merle-Allel, das die Merle-Färbung bestimmt, wenn es von einem Elternteil geerbt wird.
- **M^{a+}** bezeichnet das normale Merle-Allel in einer modifizierten Form.
- **M^h** symbolisiert abwandlungsreiches Merle-Allel, das zu Variationen im normalen Merle-Muster führen kann.

Bezeichnung	Länge (Bp=Basenpaare)	Merkmale
M^a	zwischen 247-254 Bp	Je nach genetischer Kombination können Hunde entweder kein Merle aufweisen oder das Harlekin- oder Heavy-Merle-Muster zeigen. Im Heavy-Merle-Muster überwiegt die aufgehellte Grundfarbe, kleine Flecken sind weniger deutlich erkennbar und das Pigment ist verdünnt (dilute).
M^c	zwischen 200-230 Bp	kein Merle im Phänotyp (kryptisches Merle)
M^{c+}	zwischen 231-246 Bp	kein Merle im Phänotyp
m		kein Merle im Phänotyp
M^{a+}	zwischen 255-264 Bp	mehr Weiß möglich
M	zwischen 265-269 Bp	klassisches Merle, als MM Doppelmerle und in Deutschland verboten!
M^h	zwischen 270-280 Bp	Auch Harlequin genannt. Möglich sind Weiß am Körper, minimales Merle und Dilute Spots

Hinweis!
Wenn Sie sich dafür interessieren, welcher Variante Ihr merlefarbener Hund entspricht, empfehle ich Ihnen, dies im Labor Eurovetgene (EVG) testen zu lassen. Bisher konnte man nur testen, ob ein Merle-Gen vorhanden ist. So detailliert ist es erst seit kurzer Zeit möglich. Diese neuen Informationen sind für Züchter sehr wertvoll, vor allem im Hinblick auf die neue Tierschutzhundeverordnung (siehe Seite 77 ff.).

Es wurden verschiedene Varianten des SILV-Gens identifiziert, die sich durch die Länge des sogenannten Poly-A-Schwanzes unterscheiden, der für die Merle-Färbung verantwortlich ist. Dieses Gen verfügt über einen beweglichen Abschnitt, der in verkürzter Form auftreten kann und somit die Entstehung von kryptischem Merle, $\mathbf{M^c}$ – wobei c für cryptic steht – verursacht. Ebenso wurde atypisches Merle $\mathbf{M^a}$ entdeckt, das länger als $\mathbf{M^c}$ ist, aber kürzer als **M**. Das Harlekin-Merle $\mathbf{M^h}$ weist den längsten Poly-A-Schwanz auf und wurde erst kürzlich testbar gemacht, wobei er sogar länger als **M** ist.

Kryptisches Merle zeigt keine offensichtlichen Merkmale im äußeren Erscheinungsbild. Hunde mit dem Genotyp $\mathbf{M^a/M^a}$ weisen Merle-Muster auf, die eine leichte silbrige Aufhellung und nur kleine, unregelmäßige Merleflecken zeigen. Gelegentlich sind diese Flecken leicht verwaschen. Eine leichte Aufhellung kann auch an Nase und Augenlidern zu erkennen sein, obwohl sie nach Gentests keine verdünnten Pigmente aufweisen. Neue Erkenntnisse zur Merle-Kennzeichnung zeigen, dass es nicht möglich ist, allein anhand des äußeren Erscheinungsbildes auf den Genotyp zu schließen.

Hunde mit dem Genotyp **m/m** lassen sich äußerlich nicht von Hunden mit dem Genotyp $\mathbf{M^c/m}$ unterscheiden. Erst durch Kombinationen mit anderen Merle-Varianten werden sichtbare Veränderungen im Fell hervorgerufen. Diese Kombinationen können ungewöhnliche graue Farben in einem Wurf verursachen, die manchmal nur im Welpenalter sichtbar sind und sich im Erwachsenenfell verändern.

Das atypische Merle-Muster zeigt eine Vielzahl von Fellfarbvariationen im Erscheinungsbild. Die Kombination des Merle-Allels $\mathbf{M^{a''}}$ mit anderen Allelen ergibt unterschiedliche Farbmuster, die von nicht-merle bis zu sehr bunten Merle-Mustern mit viel Weiß reichen können.

Am äußeren Erscheinungsbild lässt sich der Genotyp nicht erkennen.

In der Regel gelten die meisten Genkombinationen als unbedenklich. Es wird empfohlen, die Paarung von Elterntieren zu vermeiden, die beide das vollständige Merle-Muster **M** oder **M^h** (Harlekin Merle, Herding Harlekin) tragen, da dies zu einer 25%igen Wahrscheinlichkeit zu Double-Merles führen kann. Dies betrifft die folgenden Allelkombinationen: **M^h/M^h**, **M^h/M**, **M^h/M^{a+}**, **M^h/M^a**, **M/M** und **M/M^a**.

Die Kombination von **M/M^a** und einigen anderen Allelen kann zu einem erhöhten Risiko für mehr Weiß im Fell führen, was mit bestimmten Einschränkungen einhergeht. Die nachfolgende Tabelle zeigt, welche Kombinationen mit einem erhöhten Risikopotenzial (x) verbunden sind.

	m	M^c	M^{c+}	M^a	M^{a+}	M	M^h
m	✓	✓	✓	✓	✓	✓	×
M^c	✓	✓	✓	✓	✓	✓	×
M^{c+}	✓	✓	✓	✓	×	×	×
M^a	✓	✓	✓	✓	×	×	×
M^{a+}	✓	✓	×	×	×	×	×
M	✓	✓	×	×	×	×	×
M^h	×	×	×	×	×	×	×

Die Thematik rund um das Merle-Gen ist äußerst komplex und stellt selbst erfahrenste Züchter oft vor Herausforderungen. Besonders angesichts der vermehrten Aufmerksamkeit von Tierrechtsorganisationen auf den Australian Shepherd und Miniature American Shepherd und der Assoziation mit potenziellen Qualzuchtrisiken ist es von entscheidender Bedeutung, dass Züchter sich intensiv mit diesem Thema auseinandersetzen und mit größter Sorgfalt handeln.

Die Fehlfarben

Dilute

Das Verdünnungs-Gen, welches maßgeblich die Intensität der Fellfarbe beeinflusst, reguliert die Sichtbarkeit der Farbgebung und deren Intensität. Diese Verdünnung wird rezessiv vererbt. Während bei einigen Rassen wie z. B. dem Weimaraner diese verdünnten Farben im Zuchtstandard akzeptiert sind, gelten sie beim Australian Shepherd und Miniature American Shepherd als unerwünscht.
Die Genetik und Vererbung des Verdünnungs-Gens manifestiert sich in diversen Erscheinungsbildern entsprechend der Allelkombination. Ein Hund, der lediglich das Verdünnungsallel trägt (Dd), zeigt äußerlich keine offensichtlichen Anzeichen und ist voll pigmentiert. Wenn in einem Wurf von Eltern mit normaler Fellfarbe dilutefarbige Nachkommen auftreten, tragen beide Elternteile das Verdünnungs-Gen. Gelegentlich werden Australian Shepherds in dieser Farbe bewusst miteinander verpaart und teilweise zu übertriebenen Preisen angeboten, da es sich um eine Sonderfarbe handeln würde. Von Züchtern, die damit werben, sollten Sie unbedingt Abstand nehmen!

Die Genotypen werden wie folgt dargestellt: **DD** repräsentiert die unveränderte Farbintensität, **Dd** zeigt die volle

Farbausprägung mit Trägerschaft des Dilute-Gens und **dd** steht für die verdünnte Grundfarbe.
Die Dilute-Färbung kann bei verschiedenen Ausgangsfarben wie Red tri und Black tri auftreten und bewirkt eine Verdünnung des Pigments, was dazu führt, dass schwarze Hunde in Grau- oder Blautönen erscheinen und braune oder rote Hunde eine isabellfarbene Tönung aufweisen. Diese Farbveränderungen sind besonders deutlich erkennbar, wenn dilutefarbige Blue merle-Hunde mit regulären Blue merle-Hunden verglichen werden.

Die Dilute-Färbungen treten häufig in Verbindung mit Merle-Mustern auf, jedoch sollten sie nicht mit Dilute-Spots verwechselt werden. Dilute-Spots sind kleine, verdünnte Flecken, die bei vielen Merle-Hunden zu finden sind und im Gegensatz zur echten Dilute-Färbung keine Fehlfarbe darstellen.
Es ist von Bedeutung zu wissen, dass die Pigmentverdünnung bei einigen Rassen Haut- und Fellprobleme verursachen kann, wie beispielsweise das „Blue Dobermann Syndrom".

DD – unveränderte Farbintensität
Dd – volle Farbintensität, Dilute-Träger
dd – verdünnte Grundfarbe, Dilute

Yellow

Der Gelbton des Fells beim Australian Shepherd, auch als „Yellow" bezeichnet, ist eine Farbvariation, die bei einigen Hunderassen wie dem Border Collie akzeptiert wird. Für den Australian Shepherd und den Miniature American Shepherd ist diese Farbe jedoch unerwünscht. Hunde mit einem gelben Fell haben normalerweise keine gesundheitlichen Probleme, allerdings kann diese Farbe das Vorhandensein des Merle-Gens maskieren. Bei Hunden, die in gelben Tönen erscheinen und zugleich das Merle-

Bei diesem Welpen könnte man meinen, dass er eine Dilutefärbung hätte. Tatsächlich handelt es sich hier um einen Mc getesteten Welpen, der im Alter ein phänotypischer Black tri ist.

Gen tragen, können äußerlich gelbe Merkmale erkennbar sein. Gelegentlich zeigen diese Hunde im Welpenalter oder später leichte Merle-Musterungen, die auf das Vorhandensein des Merle-Gens hinweisen könnten. Diese Farbveränderungen, die von hellem Blond bis zu einem rötlichen Ton reichen können, verblassen in der Regel im Laufe der Zeit. Daher besteht das Risiko einer unbeabsichtigten Paarung von Merle-Hunden.
Die genetische Vererbung der gelben Farbe wird durch verschiedene Genotypen bestimmt: **EE** steht für die normale Farbgebung ohne Gelb, **Ee** bedeutet volle Farbgebung mit Trägerschaft für Gelb und **ee** zeigt die gelbe Farbe an, die von einem hellen Gelbblond bis zu einem rötlichen Ton reichen kann. Unüblich ist, dass beide Elternteile das Allel e tragen und somit die gelbe Farbe bei einem Wurf auftreten kann, obwohl ihre äußere Erscheinung normal erscheint. Beim Border Collie wird die Farbvariation „ee red" als anerkannte Farbe geführt.

EE – normale Farbgebung, kein Gelb
Ee – normale Farbgebung, Träger für Gelb
ee – Gelb (ee red), von hellblond bis rötlich-braun

Sable

Sable, auch bekannt als Zobel, ist eine Fellfarbe, die häufig bei Rassen wie Collie und Sheltie vorkommt, aber bei Australian Shepherds und Miniature American Shepherds unerwünscht ist. Diese Farbe ist während der Entwicklung der Rassen aber immer wieder aufgetreten. Hunde mit Sable-Färbung zeigen an ihren Einzelhaaren ein Bandmuster mit rötlicher Farbe und dunkler Spitze in der jeweiligen Grundfarbe (Schwarz oder Braun), das durch verschiedene Ablagerungen von Eumelanin und Phäomelanin entsteht. Die genetische Vererbung der Sable-Färbung erfolgt über den A-Locus (Agouti-Serie): ay ist dabei dominanter als at. Ein Hund mit Sable-Farbe kann auch Träger des at-Allels sein, das die Grundfarbe mit kupferfarbenen Abzeichen kodiert. Die Allelkombinationen am A-Locus bestimmen, ob ein Hund reinerbiges Sable (ay ay), Sable und Träger von kupferfarbenen Abzeichen (ay at) oder kupferfarbene Abzeichen (at at) aufweist.

Unterschied zwischen Gelb und Sable
Sable-Hunde zeigen ein Bandmuster auf den Einzelhaaren und können eine Gesichtsmaske haben, während Gelb-Hunde ein unifarbenes Fell haben und keine Maske besitzen. Es ist zu beachten, dass Sable auch in Verbindung mit dem Merle-Gen auftreten kann, wobei die Merle-Zeichnung auf den dunkleren Bereichen des Fells besonders hervortritt. Diese Merle-Muster sind häufiger erkennbar, besonders bei Vorhandensein einer Gesichtsmaske.

Dieser Welpe mit der Farbe Red merle erscheint zwar recht hell, es ist aber keine Fehlfarbe.

Ein Aussie oder MAS soll es sein

Der Australian Shepherd und der Miniature American Shepherd sind zwei faszinierende Hunderassen, die sowohl körperlich als auch charakterlich einzigartige Eigenschaften aufweisen. Der Australian Shepherd, liebevoll „Aussie" genannt, ist bekannt für seine Intelligenz, Arbeitsfreude und Loyalität. Diese mittelgroße Rasse ist energiegeladen und benötigt sowohl geistige als auch körperliche Herausforderungen, um glücklich zu sein. Aussies sind hervorragende Hütehunde und eignen sich auch gut für verschiedene Hundesportarten aufgrund ihrer Wendigkeit und Trainierbarkeit.
Im Gegensatz dazu ist der Miniature American Shepherd, kurz MAS, eine kleinere Version des Australian Shepherds. Diese Rasse behält viele der Eigenschaften ihres größeren Vetters bei, darunter Intelligenz, Energie und Arbeitsfreude, jedoch in einem kompakteren Format. Es sind ebenso vielseitige und aktive Hunde wie ihre größeren Verwandten und eignen sich gut als Familienhunde oder für verschiedene Aufgaben wie als Therapiehunde, Rettungshunde oder im Hundesport.
Sowohl der Australian Shepherd als auch der Miniatur American Shepherd sind liebevolle Begleiter, die eine starke Bindung zu ihren Besitzern aufbauen. Ihre Verspieltheit, Neugierde und Anpassungsfähigkeit machen sie zu beliebten Begleitern in vielen Haushalten. Es ist wichtig, dass potenzielle Besitzer die Bedürfnisse und die Arbeitsbereitschaft dieser Rassen berücksichtigen, um sicherzustellen, dass sie ein erfülltes und aktives Leben führen können.

Das Wesen der Shepherds

Eine Fülle von Texten über die charakteristischen Merkmale des Australian Shepherd und des Miniature American Shepherd lässt sich leicht im Internet finden. Das Material variiert von unbrauchbar bis herausragend detailliert.

Wenn man sich eingehender mit der ursprünglichen Verwendung der Hunde und ihrer Arbeitsweise beim Vieh beschäftigt, wird einiges schnell klar: Der Aussie ist in erster Linie ein Allrounder! Seine Aufgaben auf der Ranch waren äußerst vielfältig, da er keine spezialisierte Hütehundrasse ist, sondern in der Lage sein soll, Schafe, Rinder und Enten zu hüten und zudem die Ranch und die Familie zu beschützen.

Heutzutage leidet die Rasse bereits unter einer unaufhörlichen Modewelle und deren bedauerlichen Konsequenzen. Das äußere Erscheinungsbild des Australian Shepherds spricht viele Menschen an. Dennoch passt sein anspruchsvolles Wesen nicht zu jedem.

So verschiedenen wie die Farben, so unterschiedlich kann auch das Wesen sein.

Oft werden die Shepherds als „leicht erziehbar" beschrieben, da sie sehr lernfähig sind. Allerdings bedeutet hohe Lernfähigkeit nicht automatisch eine einfache Erziehbarkeit. Der Hund lernt schnell. Das ist nicht nur auf gewünschte Kommandos oder gewünschtes Verhalten beschränkt. Er kann genauso schnell unerwünschtes Verhalten erlernen, meist durch einen kleinen Moment der Nachgiebigkeit. Daher ist es besonders wichtig, seinem Hund klare Regeln aufzuerlegen und ihm nicht die Führung zu überlassen.

Der Aussie sowie der MAS sind äußerst aufmerksam und wachsam. Ihnen entgeht nichts. Sie sind immer zu 100 Prozent bei der Sache und haben eine ausgezeichnete Beobachtungsgabe.

Der „Will-to-please" ist eine der Eigenschaften, die den Australian Shepherd auszeichnen – der Wille, seinem Besitzer zu gefallen. Allerdings kann zu hoher Druck – wie bei jedem anderen Hund auch – schnell zu Überforderung führen.

Der Aussie handelt aber keineswegs wie ein blinder Befehlsempfänger; er hat ein gewisses Maß an Eigenständigkeit bewahrt, was für seine ursprüngliche Arbeit am Vieh entscheidend war. Hunde mit Will-to-please und hoher Lernbereitschaft müssen gut und konsequent erzogen werden.
Der angeborene Wach- und Schutztrieb darf beim Aussie nicht unterschätzt werden. Er reagiert anfänglich oft reserviert auf Fremde, taut aber schnell auf. Diese Reserviertheit sollte keinesfalls mit Ängstlichkeit verwechselt oder als schlechte Erziehung gedeutet werden. Daher ist der Aussie auch nur bedingt für die Arbeit als Therapiehund geeignet.

Der Aussie ist ein Arbeitshund und sollte entsprechend gefördert werden. Das bedeutet, ihm anspruchsvolle Beschäftigung sowohl körperlich als auch geistig zu bieten. Er braucht herausfordernde Aufgaben, die seinen natürlichen Trieben entsprechen. Stundenlanges Bällchenwerfen dienen nicht der mentalen Auslastung und können zu vermehrter Energie und Überforderung führen.

Ruhephasen sind ebenso wichtig wie körperliche und geistige Auslastung. Auch ein aktiver Aussie muss lernen können, abzuschalten und Ruhe zu finden, selbst wenn es mal nichts zu tun gibt. Er muss vor allem lernen, nicht alles kontrollieren zu müssen. Die Umstellung vom Arbeitshund zum Familienhund erfordert Anpassung und Verständnis. Festgelegte Verhaltensweisen eines Arbeitshundes können in einem anderen Umfeld zu Problemen führen. Aus diesen Gründen ist es wichtig zu überlegen, ob man bereit ist, seinem Aussie die tägliche Aufmerksamkeit und Beschäftigung zu bieten, die er benötigt.

Hier lässt sich erahnen, wie viel Power auch der kleine MAS haben kann.

Mit der richtigen Führung werden die Aussies zu idealen Partnern.

Die Rasse wird immer öfter als Familienhund gehalten, was zu einer Zunahme von Verhaltensproblemen führen kann, wenn nicht angemessen mit ihnen umgegangen wird. Es ist wichtig, sich über die Rasse zu informieren und zu verstehen, dass ein Aussie mehr als nur ein Modeaccessoire ist.
Wenn Sie ein Mensch sind, der es nicht schafft, sich durchzusetzen, ist der Aussie eher nichts für Sie. Er wird dies schnell erkennen und dementsprechend handeln. An der Leine pöbeln, bewegliche Objekte hüten und ständiges Bellen sind nur wenige Beispiele von den negativen Eigenschaften, die zu Tage kommen können. Der Aussie benötigt eine konsequente, aber liebevolle Führung. Vor allem im ersten Jahr benötigt er viel Ruhe. Er muss Impulskontrolle lernen, ohne dass er über- oder unterfordert ist. Dann haben Sie den tollsten Partner an Ihrer Seite, den Sie sich vorstellen können.

Beim kleineren MAS sind diese beschriebenen Eigenschaften nicht ganz so stark ausgeprägt, was die Erziehung und Führung etwas leichter macht. Aber dennoch sind Konsequenz und ruhiger Umgang auch beim MAS sehr wichtig.

Wieso ein Hund vom Züchter?

In den letzten Jahren habe ich oft mit Menschen zu tun gehabt, die mit ihrem Aussie vom „Vermehrer" negative Erfahrungen gemacht haben, sei es gesundheitlich, in der Aufzucht oder der Betreuung nach dem Kauf. Wenn ich dann fragte, wieso man diesen Vermehrer und nicht direkt einen seriösen Züchter gewählt hat, sind die Antworten immer sehr ähnlich: Man lege keinen Wert auf Papiere, weil man nicht züchten wolle, und an Ausstellungen habe man auch kein Interesse. Aber der meistgenannte Grund ist der finanzielle Aspekt. Viele sind einfach nicht bereit, so viel Geld für einen Hund auszugeben.

Einen Hund mit Ahnentafel zu besitzen ist weder Protzerei noch unnütz, auch nicht für Familien, die keinerlei Zucht- und Ausstellungsambitionen haben. Die Ahnentafel bestätigt die Reinrassigkeit des Hundes, die Ahnen sind bekannt und man kann davon ausgehen, dass die Ahnen untersucht und gesund sind, was aber dennoch keine Garantie ist, dass der eigene Hund nicht erkranken kann. Ein seriöser Züchter lässt stets in die Untersuchungsergebnisse der Elterntiere einsehen oder heftet die Kopien davon sogar in einer Welpenmappe ab. Man verpaart nicht einfach eine Hündin mit dem nächstbesten Rüden, weil er vielleicht in der Nähe ist oder so hübsch ausschaut. Man studiert die Linien, die Pro und Kontras, versucht mit dem Rüden eventuelle Defizite der Hündin auszugleichen und nimmt dafür auch gern Hunderte Kilometer in Kauf.

Trauer, die man hätte vermeiden können

Dazu fällt mir eine Geschichte ein, die einer Freundin passiert ist und sie leider dazu brachte, sich vom Aussie abzuwenden. Sie hatte einen Rüden aus einer Hinterhofzucht, die Ahnen der Mutter waren nicht bekannt, die des Vaters schon. Allerdings steckte diese Linie voller mit Epilepsie belasteter Hunde, was man aber nicht wusste. Nach etwa zwei Jahren fing dieser Hund an zu krampfen. Nachdem alles andere ausgeschlossen werden konnte, ging man von Epilepsie aus. Die Krämpfe wurden immer schlimmer und häufiger, sodass der junge Rüde mit nicht einmal drei Jahren erlöst werden musste. Der Schmerz saß tief, doch ohne Hund ging es auch nicht und so zog irgendwann wieder ein Aussie ein, leider wieder aus keiner seriösen Zucht, diesmal war über die Eltern gar nichts bekannt. Die ersten Jahre schien alles gut zu gehen. Man war glücklich, bis der Tag kam, der wie ein Déjà-vu gewesen sein muss: Er krampfte! Leider kam auch hier die Diagnose Epilepsie. Meine Freundin war am Boden zerstört, denn auch bei diesem Rüden gab es kein Happy End; er musste von seinem Leid erlöst werden. Er wurde vier Jahre alt.

Man kann sich nur schwer vorstellen, wie tief der Schmerz sitzen muss, zwei geliebte Hunde an dieser tückischen Krankheit zu verlieren. Leider machte meine Freundin die Rasse dafür verantwortlich, hatte Angst, dass sie beim nächsten Aussie wieder schnell Abschied nehmen muss und so entschied sie, dass nie wieder ein Aussie bei ihr einziehen wird. Doch das wäre vermeidbar gewesen, wenn sie von Anfang an einen Hund vom seriösen Züchter gekauft hätte. Ein Züchter kann keine Garantie geben, dass seine Nachzuchten niemals daran erkranken werden, doch das Risiko ist deutlich geringer.

Auch in der Aufzucht liegen zwischen Vermehrer und Züchter oft Welten. Der finanzielle Aspekt ist nicht unwichtig, man sollte sich durch die „Geiz-ist-Geil"-Mentalität allerdings nicht dazu hinreißen lassen, Hinterhofzuchten zu unterstützen. Abgesehen davon, dass die Welpen aus solchen „Zuchten" gar nicht mehr viel günstiger sind als beim seriösen Züchter, ist die Anschaffung des Hundes noch das kleinere finanzielle Übel. Ein Aussie oder MAS aus einer seriösen Zucht kostet zwischen 1800,- und 2500,- Euro, nach oben und unten gibt es natürlich keine Grenzen, aber das ist der Durchschnitt. Welpen vom Vermehrer liegen zwischen 1000,- und 2000,- Euro. Wie man sieht, ist die Preisspanne gar nicht so groß und man sollte sich überlegen, ob man nicht lieber etwas mehr zahlt und weiß, was man kauft, als sich ein Überraschungsei ins Haus zu holen.

In dem Alter können die Welpen schon von ihren neuen Besitzern besucht werden.

Uns Züchtern wirft man gerne vor, eine goldene Nase zu verdienen, doch sind es eigentlich die Vermehrer, die damit das schnelle Geld machen, und nicht die Züchter, die sehr viel Zeit und Geld in ihre Hunde und die Zucht investieren.

Letztendlich bleibt es Ihnen selbst überlassen, von wem Sie Ihren Hund kaufen, doch es gibt nur zwei Dinge, die aus meiner Sicht vertretbar sind, und die wären ein Hund vom seriösen Züchter oder aus dem Tierschutz, wobei Letzteres leider oft Risiken birgt, da man meist nicht weiß, woher der Hund stammt. Durch den Kauf eines Welpen aus einer Hinterhofzucht unterstützen Sie nicht nur das Leid der Welpen, sondern auch der Hündinnen und tragen dazu bei, dass die Rasse in ein schlechtes Licht gerückt wird, wenn vermehrt erblich bedingte Krankheiten auftreten.

Auswahl des Züchters

Als Welpenkäufer haben Sie schon mal eines richtig gemacht: Sie halten dieses Buch in den Händen und erkundigen sich über die Rasse, die Sie so sehr fasziniert. Da lacht mein Züchterherz, nicht nur weil ich dieses Buch geschrieben habe, sondern weil es leider nicht mehr viele Menschen gibt, die sich vor dem Kauf mit einer Rasse intensiv beschäftigen. Sie sollten sich eben bewusst sein, was Sie da zu Hause haben möchten, welche negativen Seiten es gibt und worauf Sie achten sollten.
Wenn es nun an die Züchtersuche geht, beschränken Sie sich nicht auf einen kleinen Umkreis. Manchmal ist der richtige Züchter hunderte Kilometer entfernt und glauben Sie mir, in den meisten Fällen lohnt es sich, diese Strecken zu fahren. Aber bitte stellen Sie nicht als erste und womöglich einzige Frage, was der Welpe kosten soll. Stellen Sie sich beim Züchter vor und erzählen etwas über sich, ihre Gegebenheiten, warum Sie sich für diese Rasse interessieren und ob Sie Hundeerfahrung haben und was Sie mit Ihrem zukünftigen Hund planen. Sie werden sehen, dass der Züchter Ihnen dann auch gerne viele Infos über seine Zucht und sich preisgibt. Machen Sie sich am besten eine Liste mit Fragen, die Sie haben, damit Sie vorab das Wichtigste klären können und vor Ort nicht enttäuscht werden.

Legt man Ihnen Knebelverträge vor, kann ich nur sagen, Finger weg! Abgesehen davon, dass die meisten Klauseln nichts rechtsgültig sind, wird man mit solchen Züchtern häufig Ärger haben.
Oft höre ich von Klauseln wie:

- Der Hund darf nicht geimpft/entwurmt werden.
- Der Hund darf nicht weiter als 100 km vom Züchter entfernt wohnen.
- Der Hund muss dem Züchter als Zuchttier zur Verfügung stehen.
- Der Besitzer darf den Verein nicht wechseln (z. B. vom ASCA in den VDH und umgekehrt).
- Der Hund muss Futter XY bekommen.

Ich könnte diese Liste noch weiterführen. Auch suchen Züchter ab und an Platzierungsstellen, das heißt, die Hunde stehen dem Züchter für seine Zucht zur Verfügung. Es gibt Züchter, die dennoch den vollen Preis für den Hund möchten oder ihn nur geringfügig günstiger abgeben. Lassen Sie sich auch auf solche Verträge nicht ein. Ein guter Züchter wird einen Hund, der platziert werden soll, immer kostenlos abgeben. Sie müssen für alle anfallenden Kosten aufkommen, der Züchter für alle zuchtrelevanten Kosten.

Man sollte seinen Welpen bei einem seriösen Züchter kaufen.

Leider gibt es Züchter, die so etwas ausnutzen und eine Hündin mit fünf oder sechs Würfen „verpflichten". In meinen Augen ist dies Ausbeuterei und sollte nicht unterstützt werden. Eine Hündin sollte meiner Meinung nach maximal drei bis vier Würfe bekommen und dann in Zuchtrente gehen dürfen. Lesen Sie die Verträge gründlich durch, damit es im Nachgang nicht zu Streitigkeiten kommt, dies ist im Sinne aller.

Züchter sind auch nur Menschen und brauchen mal eine Auszeit, daher sollten Sie Verständnis dafür haben, dass mal keine neuen Bilder oder Videos der Welpen kommen und rufen Sie auch nicht unbedingt mitten in der Nacht beim Züchter an, um zu fragen, ob noch Welpen ein Zuhause suchen. Jeder Züchter freut sich darüber, wenn die potenziellen Käufer Interesse zeigen und die Welpen auch öfter vor der Abgabe besuchen möchten, aber respektieren Sie, wenn der Züchter einmal keine Zeit hat. Das heißt nicht, dass er Sie nicht sehen möchte oder er ein schlechter Züchter ist.

Sprechen Sie mit dem Züchter, ob er Ihnen auch nach dem Kauf mit Rat und Tat zur Seite steht und ob er daran interessiert ist, dass Sie zwischendurch mal ein Update senden. Die meisten Züchter haben großes Interesse daran; bei denen, die kein Interesse daran haben, sollte man

So sieht der ideale Auslauf für die Welpen bei einem Züchter aus.

Checkliste für einen seriösen Züchter

- Wirkt der Züchter kompetent?
- Sind die Räumlichkeiten hygienisch und sauber oder riecht es vielleicht sehr streng und alles ist schmutzig oder gar zerstört?
- Welchen Eindruck machen die Welpen und die vorhandenen älteren Hunde auf Sie? Lebhaft, neugierig, kränklich, ängstlich?
- Wie reagiert das Muttertier auf den Züchter?
- Leben die Hunde isoliert oder mit im Haus?
- Sind Fragen Ihrerseits erwünscht?
- Werden Ihnen Untersuchungsergebnisse der Elterntiere gezeigt?
- Wird etwas über Sie und das neue Zuhause in Erfahrung gebracht oder ist es dem Züchter egal, wo seine Welpen landen?
- Dürfen Sie zu einem weiteren Besuch wiederkommen?
- Legt der Züchter Wert auf Kontakt nach dem Kauf? Ist er auch bei Problemen für Sie da?
- Ist der Züchter einem Rassezuchtverein angeschlossen?

überdenken, ob dieser Züchter die richtige Wahl ist. Wenn Sie sich dann einig wurden, versuchen Sie bei der Abholung nicht noch den Preis zu verhandeln, wir reden hier von einem Lebewesen und keinem Gegenstand.
Bei der Auswahl des richtigen Züchters gibt es einiges zu beachten. Nicht nur die Herkunft und die Aufzucht ist wichtig, auch der Verein und die Linien sollten Ihnen ein Begriff sein, denn es gibt einige Unterschiede.
Ein seriöser Züchter legt sehr viel Wert auf den Rassestandard. Das Ziel eines jeden Züchters ist es, mit seinen Hunden möglichst nahe an diesen heranzukommen und eventuell vorhandene Defizite durch die Wahl des passenden Zuchthundes zu minimieren. Fragen Sie ruhig, welches Ziel der Züchter verfolgt, denn außer dem Rassestandard zu entsprechen gibt es weitere Ziele, die Züchter anstreben, wie z. B. außerordentlicher Arbeitswille oder auch ein gewisses Erscheinungsbild. Stellen Sie viele Fragen, denn nur so können Sie entscheiden, ob ein Hund aus dieser Zucht zu Ihnen passen wird. Fragen Sie auch, welchem Verein der Züchter angeschlossen ist, denn auch hier gibt es große Unterschiede. Weiter vorne im Kapitel über die Entstehung der beiden Rassen wurden schon die verschiedenen Vereine vorgestellt. Vor allem bei dem erst kürzlich anerkannten Miniature American Shepherd hat sich in den letzten Jahren einiges getan, sodass man genau darauf achten sollte, welcher Verein für was zuständig ist, vor allem wenn Sie selbst vielleicht einmal Ambitionen für eine eigenen Zucht haben sollten.

Kurze Übersicht zu den Vereinen

ASCA

Der ASCA ist der Mutterverband der Australian Shepherds; er hat seinen Sitz in Amerika und ist eine reine Registrierungsstelle. Der ASCA führt keine Kontrollen bzw. Wurfabnahmen durch, dies bedeutet, dass man als Züchter genau abwägen sollte, was gut für die Hündin als auch die Welpen ist und sehr gewissenhaft sein soll, da auch keine Untersuchungsergebnisse vom ASCA gefordert werden. Als Welpeninteressent bedeutet dies, dass man etwas genauer hinschauen muss. Denn leider gibt es wie überall auch hier schwarze Schafe, die eben dies ausnutzen und ihre Hunde vorher nicht untersuchen lassen und die Welpen nicht so aufwachsen lassen, wie es sein sollte. Obwohl ein Hund aus einer ASCA-Zucht erstmal nicht berechtigt ist, an FCI- bzw. VDH-Ausstellungen teilzunehmen, besteht später die Möglichkeit, den Hund im VDH phänotypisieren zu lassen. Das gleiche gilt für MAS mit MASCA-Papieren.

CASD/VDH

Der CASD e. V. mit seinem Sitz in Deutschland ist der einzige dem VDH angeschlossene Verein für Australian Shepherds und Miniature American Shepherds. Anders als der ASCA hat der CASD e. V. strenge Auflagen, die es zu erfüllen gilt. Abgesehen von (guten) gesundheitlichen Auswertungen, muss der Züchter selbst sich auch einigen Prüfungen unterziehen, darunter fällt die Neuzüchterschulung, wo theoretisches Wissen über die Rasse, Gesundheit, Zucht und Tierschutz relevante Dinge vermittelt werden mit anschließender Prüfung. Ist diese Prüfung bestanden, kommt es zur Zwingerabnahme. Hier wird das Umfeld geprüft, wo die Welpen später aufwachsen sollen. Es folgen noch die Anmeldung des Zwingernamens, die Körung des Hundes und Wurfabnahmen, wenn die Welpen geboren wurden. Hunde aus dem VDH/FCI sind berechtigt, an Europa- und Weltmeisterschaften teilzunehmen. Dies ist für Hunde ohne Papiere oder mit anderen Papieren nicht möglich. Der Weg zum Züchter ist mühselig und nicht immer leicht, aber mittlerweile gibt es einige Züchter, die vom ASCA in den VDH wechseln und dies gerne in Kauf nehmen. Einer der größten Nachteile ist der Verlust des Zwingernamens, denn der Name, mit dem einst schon gezüchtet wurde, darf im CASD e. V. nicht übernommen werden.

Dissidenzvereine

Dies sind Vereine, die nicht dem VDH angehören und auch nicht anerkannt werden. Diese Vereine haben eigene Zuchtordnungen und Regeln. Es gibt einige ASCA-Züchter, die sich diesen Vereinen anschließen, damit man wie im VDH auch eine gewisse Kontrolle erfährt, wie z. B. Wurfabnahmen, Mindestvoraussetzungen etc. Für den Australian Shepherd macht es in der Regel keinen Sinn, ausschließlich über diese Vereine zu züchten. Oft findet man dort Australian Shepherds, die entweder vorher keine Papiere oder ASCA-Papiere mit einem Zuchtverbot besitzen. Das ist aber nicht die Norm. Daher lohnt hier vor allem ein Blick in die Papiere, um die Guten von den Schlechten unterscheiden zu können.

Näheres zu diesem Thema finden Sie im Kapitel über die Zucht. Sie müssen überlegen, welcher Verein für Sie infrage kommt. Was keine Option sein sollte, ist ein Hund vom Vermehrer, einer der ohne Papiere züchtet und Ihnen weismachen möchte, dass Papiere nicht so wichtig und nur für Züchter oder Aussteller interessant seien.

Show- oder Arbeitslinie?

Vor allem bei verschiedenen Gebrauchshunderassen werden bei der Zucht häufig zwei Linien unterschieden. Auch beim Australian Shepherd ist es so. Hier wird zwischen Show- und Arbeitslinie unterschieden. Beim Miniature American Shepherd gibt es diese verschiedenen Linien nicht.
Die **Showlinie** bezeichnet Hunde, die aus Linien stammen, bei denen seit vielen Jahren das Augenmerk auf Aussehen, Knochenbau und Gangwerk gelegt wird. Diese Hunde sollen im Ausstellungsring erfolgreich sein und nicht mehr so viel Trieb mitbringen wie ihre Kollegen aus der Arbeitslinie. **Arbeitslinien** werden auch heute noch vor allem nach Leistung und nicht nach Optik beurteilt, daher findet man diese auch eher selten auf Ausstellungen und Shows in Deutschland.

Ein großer Irrtum, der leider auch noch heute die Runde macht und von manchen Züchtern sogar angepriesen wird, ist, dass der Australian Shepherd aus der Showlinie ein ruhiger Geselle ohne jeglichen Hütetrieb sei. Es mag diese Hunde geben, ganz klar, doch man sollte sich fragen, wieso möchte ein Züchter einen Australian Shepherd, der nun mal ein Hütehund ist, ohne jeglichen Hütetrieb anpreisen? Wo liegt der Sinn dahinter? Ebenso sollte man sich als Käufer die Frage stellen, wieso möchte ich einen Hütehund, wenn dieser aber keinen Hütetrieb besitzen darf oder soll? Ist der Aussie dann überhaupt der richtige Hund? Denn auch wenn dieser Hund vielleicht keinen Hütetrieb besitzt, trägt er die Anlagen, wofür er gezüchtet wurde, und wenn er nicht hütet, kann er dennoch typisches Verhalten wie territoriale Aggressionen, Reserviertheit gegenüber Fremden oder eigenverantwortliches Handeln an den Tag legen. Ein Hütehund bezieht sich nicht nur auf die Eigenschaft „hüten", es laufen ganz viele Faktoren zusammen, denen man sich einfach bewusst sein muss.
Andersherum ist es aber nicht besser. Viele meinen, ein Aussie aus der Arbeitslinie will den ganzen Tag arbeiten, ist ein Nervenbündel und neigt grundsätzlich zu Aggressionen. Auch das ist völliger Quatsch.

Bei den Showlinien wird viel Wert auf das äußere Erscheinungsbild gelegt.

Das Für und Wider

Beide Linien haben ihre Vorzüge, aber auch ihre Tücken. Man muss sich genau überlegen, was man möchte. Möchte man Hochleistungssport mit dem Hund betreiben, fährt man sicherlich besser mit der Arbeitslinie. Diese Hunde bringen sehr viel Motivation und Will-to-please mit, sind in den meisten Fällen eher kleiner und wendiger.

Möchte man den Australian Shepherd als aktiven Familienhund, ist man mit der Showlinie gut beraten. Züchter der Showlinie möchten einen ruhigeren Hund mit gemäßigtem Temperament, wenig Trieb und besserer Familientauglichkeit. Zudem unterscheiden sich die Tiere optisch von den meisten Arbeitslinien. Sie sind größer, kräftiger und haben mehr Fell. Der Züchter wird also Elterntiere dahingehend aussuchen. Allerdings gibt es für Hunde beider Linien keine Garantie, dass sie die gewünschten Eigenschaften mitbringen und vererben, denn es gibt Arbeitslinien, die eher gemäßigt im Temperamt sind und keinerlei Interesse am Vieh haben, und es gibt Showlinien, die sehr lebhaft sind und großes Interesse an der

Hütearbeit zeigen. Daher ist es sehr wichtig, sich an einen seriösen Züchter zu wenden, denn dieser kennt seine Welpen und wird Ihnen die für Sie geeigneten Welpen vorstellen.

Bei der Arbeitslinie hat man sich der Zucht des klassischen Hütehunds verschrieben. Es wird vor allem Wert gelegt auf eigenständiges Denken, hohe Aufmerksamkeit, viel Will-to-Please und natürlich gute Hüteeigenschaften. Der Hund wurde einst zum Arbeiten gezüchtet und sollte außerdem Haus und Hof beschützen. Dahingehend ausgelegt sind also sein Wesen und seine charakteristischen Eigenschaften. Hunde aus diesen Linien sind meist bei (Hobby-)Schäfern und Rinderzüchtern zu finden, aber auch im aktiven Hundesport. Oft sind die Aussies aus diesen Linien reservierter gegenüber Fremden und haben ein höheres Aggressionspotenzial, was in erfahrenen Händen zwar kein Problem darstellt, für blutige Anfänger aber sehr problematisch werden kann.

Dieser Aussie kommt ganz klar aus einer Arbeitslinie.

Züchter der Arbeitslinien haben ihr Augenmerk schon immer mehr auf die erwünschte Leistungsfähigkeit als auf „Stammbaum" gerichtet. Die Hütefähigkeiten, auf die sie Wert legen, sind einem genetisch sehr komplizierten Schema unterworfen und deshalb besonders schwer auf der Basis von Vorfahren züchterisch zu „festigen". Aus diesem Grund haben „Arbeitszüchter" schon immer weniger „Linienzucht" betrieben und sind deshalb auch weniger die Gefahr der Verdoppelung schlechter Gene eingegangen. Ihr Bestreben um kraftvolle körperliche Leistungsfähigkeit lässt Gedanken an Tiere mit schwächerer Gesundheit, minderer körperlicher Leistungsbereitschaft oder mental unausgeprägten Eigenschaften als Paarungspartner gar nicht zu. Dies sind Dinge, die anderen, welche nicht ein so anspruchsvolles Leben mit den Hunden führen, oft gar nicht bewusst sind. Dies soll aber keinesfalls bedeuten, dass Aussies aus Arbeitslinien besser sind als Hunde aus Showlinien. Optisch unterscheiden sich die Linien meist schon sehr deutlich, wobei es auch hier Ausnahmen gibt. In der Regel sind Australian Shepherds aus Showlinien größer und kräftiger (haben „mehr Knochen"), haben längeres Fell und vor allem bei Ausstellern und Züchtern sieht man die Aussies mit Buttonohren.

Arbeitslinien dagegen sehen meist etwas „wilder" aus, haben moderates Fell, oft mit Wirbeln versehen, die Ohren sind auch mal nicht in Button-Form zu sehen. Im Körperbau sind Hunde der Arbeitslinie wesentlich schmaler, dadurch aber auch schneller und wendiger.
Es gibt aber überall auch mal Hunde, denen man ihre Linie nicht ansieht, daher sollte man keinen Hund nur nach Farbe und Aussehen beurteilen.

Outcross

Und dann gibt es auch noch Linien, bei denen man Show mit Arbeit kombiniert. Ich sage immer, entweder liebt man es oder man hasst es. Viele Züchter sehen Outcross-Verpaarungen nicht gern, es ist aber eine gute Methode, um frisches Blut in die Linien zu bringen und eventuelle Defizite auszugleichen. Gerade bei Showlinien wird und wurde oft enge Linienzucht betrieben, was nicht nur Vorteile, sondern auch einige (gesundheitliche) Nachteile mit sich brachte.
Viele Züchter können diese Kombination aber nicht nachvollziehen. Es gab endlose Debatten über „hässliche kleine Arbeitshunde" und „dumme Showhunde".
Züchter von Arbeitshunden haben andere Ziele als die von Showhunden, weder der eine noch der andere ist deshalb mehr oder weniger im Recht oder hat bessere oder schlechtere Hunde. Man muss aber ehrlicherweise zugeben, dass in den Showlinien deutlich mehr erbliche Probleme auftreten. Dies liegt aber nicht daran, dass die Züchter der Showlinien schlechter sind, sondern an den völlig anderen Zielen und Zuchtstrategien in der Vergangenheit. Einige Züchter sind sich dessen bewusst und setzen daher gezielt auch Arbeitslinien in ihrer Zucht ein. Meist wird dies von Züchtern praktiziert, die eher auf Show gezogene Hunde besitzen, um eben diese Defizite auszugleichen und dadurch die Linien und somit auch die Gesundheit zu verbessern.

Sofern ein Showzüchter gegebenenfalls aufgetretene Probleme aus seiner Zucht wieder herausbringen möchte, sollte er den Outcross (bedeutet frisches Blut reinbringen) in eine Arbeitslinie in seine Überlegungen mit einbeziehen. So erhält er die Möglichkeit, neues genetisches Material in seine Linie einzubringen und ein Stück weit von dem aufgetretenen Problem wegzurücken.

Dieser Rüde entstand durch eine Outcross-Verpaarung.

Es gibt so viele vom Gebäude her korrekte und ansehnliche Arbeitshunde. Wenn auch der Showzüchter zunächst ein wenig von seinem „bevorzugten Typ" einbüßen wird, kann er dies in einer oder zwei Generationen wieder erreicht haben. Und die aus einem solchen Outcross entstehenden Welpen werden keine „Arbeitshunde" sein. Einige werden vielleicht arbeiten, aber die meisten werden auf jeden Fall nicht dem Standard, den Züchter der Arbeitslinie voraussetzen würden, nahekommen und sollten deshalb auch nicht als solche angeboten werden.
Man sollte aber nie vergessen, der Australian Shepherd ist ein Hütehund. Möchte man einen Hund, der über keinerlei Hütetrieb verfügt, sollte man sich besser nach einer anderen Rasse umschauen.

Therapiehundelinien?

Es gibt Züchter, die mit sogenannten Therapiehundelinien werben. Aber was ist eine Therapiehundelinie? Ganz ehrlich – ich weiß es nicht! Diese Linie gibt es schlichtweg nicht und wurde vermutlich nur zu Marketingzwecken erfunden. Es ist eine raffinierte Idee, um seine Welpen an den Mann oder die Frau zu bringen. Denn man möchte suggerieren, dass Hunde ohne jegliche Ambitionen für die Arbeit am Vieh gezüchtet werden, die zudem extrem ruhig, aber dennoch arbeitswillig sind.

Auch wenn es beim MAS keine Arbeitslinien gibt, sind die Hunde ebenso sportlich wie ihre größeren Vettern.

Grundsätzlich sage ich nicht, dass dies nicht möglich ist. Es gibt einige Hunde, die diese Eigenschaften mitbringen, doch seine Linie als Therapiehundelinie zu bezeichnen, halte ich für falsch. Denn wenn wir mal überlegen, was rassetypische Eigenschaften sind, so kommen wir auf eine, die den Aussie direkt ins Aus schießen würde, wenn es um die Arbeit mit Menschen geht, nämlich das reservierte Verhalten gegenüber Fremden. Ein Aussie, der keine fremden Menschen um sich möchte, wird sich sicherlich nicht als Therapiehund eignen, und wer mit dieser Eigenschaft nicht leben kann oder will, sollte Abstand zum Aussie nehmen, denn der aufgeschlossenste Welpe kann sich zum „One-Man-Dog" entwickeln und möchte und braucht dann keine fremden Menschen um sich herum.
Sollten Sie tatsächlich darüber nachdenken, einen Aussie zu Therapiezwecken anzuschaffen, ist ein Aussie aus der Showlinie meist die bessere Wahl. Erfahrene Züchter und Ausbilder stehen Ihnen dahingehend beratend zur Seite.

Die neue Tierschutz-Hundeverordnung

Bevor Sie sich nun entscheiden, aus welcher Linie und in welcher Farbe Ihr zukünftiger Hund sein soll, möchte ich Sie gern noch auf die erst kürzlich veränderte Tierschutz-Hundeverordnung (TierSchHuV) aufmerksam machen, die gerade bei Haltern und Züchtern von Australian Shepherds und deren kleinen Vettern für Verwirrung und Unmut sorgt.
Die TierSchHuV regelt nicht nur die Anforderungen an das Halten von Hunden, sondern auch die bundesweit gültigen gesetzlichen Bestimmungen zur Zucht. Die TierSchHuV berücksichtigt die Grundbedürfnisse von Hunden nach Bewegung und Sozialkontakten, bestimmt aber auch Regelungen zu Pflege und Hygiene sowie zu Haltung im Freien, in Innenräumen und in Zwingern.
Das Gesetz besteht seit 2001 auf Bundesebene. Das heißt also, dass die Verordnung nicht nur für Züchter, sondern auch für Halter und Aussteller sehr interessant ist.
Da dies ein sehr komplexes Thema ist, gehe ich in diesem Buch nur auf die Dinge ein, die Sie als MAS/Aussie-Halter und/oder Züchter wissen sollten.
Leider werden zu diesem Thema auch einige Falschmeldungen verbreitet. Daher ist es für uns Halter und Züchter oft sehr schwer, Interessenten aufzuklären und Anfeindungen aus der Welt zu schaffen.

Informationen über die allgemeinen Vorgaben, wie ein Hund gehalten werden muss oder was bei einer Zucht erforderlich ist, können Sie den Broschüren oder den entsprechenden Internetseiten über die TierSchHuV entnehmen und müssen hier nicht noch erläutert werden. Allerdings gibt es zwei Bereiche, auf die ich im Detail eingehen möchte, und zwar die Themen „Merle“ und „NBT“ (Natural Bobtail = natürliche Stummelrute).

Am 01.01.2022 trat eine neue Version der TierSchHuV in Kraft, die erneut auf eine Vielzahl unbestimmter Rechtsbegriffe setzte. Reaktionen des VDH und seines wissenschaftlichen Beirats zu den Entwürfen dieser Verordnung wurden kaum berücksichtigt. Kurz vor der Beschlussfassung im Bundesrat im November 2021 wurden weitreichende Neuerungen eingeführt, die die Einschätzung von Hunden in Ausbildung und Sport betreffen.
Die Implementierung dieser Änderungen erfolgte ohne ausreichende Konsultation der Verbände und Organisationen, einschließlich des VDH, die von diesen Bestimmungen betroffen sind.

Ein Australian Shepherd Blue merle mit Natural Bobtail – zwei Merkmale, die häufig für Verwirrung sorgen.

Die Überarbeitung der TierSchHuV stellt nicht nur für den Hundesport und das Prüfungswesen, sondern auch für Veranstalter von Rassehunde-Ausstellungen sowie Züchter große Herausforderungen dar. Selbst Zuchtzulassungsprüfungen könnten davon betroffen sein.

Änderungen bezüglich Merle-Hunde

Die Datenbank QUEN (Qualzucht-Evidenz Netzwerk) befasst sich mit Qualzuchten und gibt zu vielen Rassen Merkblätter heraus. Zu Anfang der neuen TierSchHuV waren in diesem Merkblatt zum Australian Shepherd Informationen und Forderungen zu lesen, die jedem das Blut in den Adern gefrieren ließ. Mittlerweile wurde einiges dazu revidiert.

Das Aufklären der zukünftigen Besitzer ist sinnvoll und sollte jeder seriöse Züchter auch ohne Anordnung von sich aus tun im Sinne der Rasse und seiner Zucht. Doch es als notwendig zu erachten, die Zucht mit Hunden mit Merle-Allelen aufzugeben, ist schlichtweg übertrieben. Jeder seriöse Züchter verpaart seine Hunde so, dass keine kranken Welpen fallen können, und achtet darauf, dass es eben keine zwei Merles sind, die da verpaart werden. (Nähere Informationen hierzu finden Sie im Kapitel Farben und Farbvererbung.) In einigen Vereinen innerhalb des VDH ist es z. B. Pflicht, seine Hunde vor Zuchteinsatz auf den M-Lokus testen zu lassen.
Als Halter und Züchter von Merle-Hunden sollte man sich darüber bewusst sein, dass man mit Anfeindungen

Das aktuelle Merkblatt fordert Folgendes:
a) notwendig erscheinende Anordnungen
- In allen Rassen und Kreuzungszuchten, in denen Merle vorkommt, müssen alle Zuchttiere vor der Verpaarung auf den M-Lokus getestet werden.
- Merle-Hunde dürfen nicht mit einem Zuchtpartner verpaart werden, wenn die zu erwartenden Merle-Allel-Kombinationen der Nachkommen mit dem Risiko von Sinnesmissbildungen behaftet sind (für m/m getestete Hunde gibt es keine Einschränkungen im Merle-Genotyp des Zuchtpartners, daher können sie auch mit nicht auf Merle getesteten Hunden verpaart werden).
- Nicht getestete Hunde mit Merle-Elternteil oder Geschwistern müssen – unabhängig ihrer Rasse – vor einer Verpaarung auf Merle getestet werden.
- Züchtern ist aufzugeben, zukünftig nur noch Tiere ohne Merle-Allele zu verpaaren.
- Ausstellungen und Teilnahme an sportlichen Veranstaltungen nur unter Vorlage eines Gen-Tests und nur für Hunde, die vor dem 1.1.2021 geboren wurden.

b) mögliche Anordnungen
- Welpen mit einem Merle-Elternteil sollten vor der Abgabe auf den M-Lokus getestet werden.
- Alle zukünftigen Besitzer von unkastrierten Merle-Hunden sollten vom Züchter/Verkäufer mündlich und schriftlich über das Risiko der Merle-Zucht aufgeklärt werden.
  (Quelle: Quen)

rechnen muss. Wichtig hierbei ist es aber, nicht selbst auch auf Angriff zu gehen, sondern neutral aufzuklären, denn nur so kann vielleicht ein Nach- und Umdenken erreicht werden.

Zuchtverbot für Merle und NBT
Das komplette Zuchtverbot für Merles stand im Raum, wurde aber bisher nicht umgesetzt. Es gibt allerdings Fälle, in denen der zuständige Amtsveterinär die Zucht mit Merles untersagt und die Unfruchtbarmachung angeordnet hat.

Natural Bobtail (NBT)

Auch das Thema Natural Bobtail (NBT) ist beim MAS und Aussie immer wieder ein Streitthema, wobei die einen nicht einmal wissen, dass diese Rassen eine kurze Rute besitzen können, und andere vom Thema Qualzucht sprechen.

Ausstellungsverbot auf Hunde mit Qualzuchtmerkmalen ausgedehnt
Früher beschränkte sich das Ausstellungsverbot vor allem auf Hunde mit kupierten Ohren und Ruten, während es jetzt auch Hunde mit sogenannten Qualzuchtmerkmalen betrifft. Dies könnte auftreten, wenn Hunde genetisch bedingte körperliche oder Verhaltensprobleme aufweisen, die Schmerzen, Leiden oder Schäden verursachen. Beim Aussie und beim MAS sind davon Hunde mit einer natürlichen, also angeborenen Stummelrute betroffen. Verdeckt diese nicht den After, ist der Hund in der Regel von der Ausstellung ausgeschlossen.

Ein Natural Bobtail beim Australian Shepherd und Miniature American Shepherd ist keine Qualzucht, da es sich um eine genetische Variation handelt, die natürlicherweise auftritt. Im Gegensatz zu manchen Qualzuchten, die durch gezielte Einkreuzung bestimmter Merkmale entstehen, ist der Natural Bobtail eine Mutation, die bereits seit Langem bei einigen Hunderassen vorkommt, so wie eben auch beim Aussie und MAS. Diese Variation führt dazu, dass die Rute entweder vollständig fehlt oder verkürzt ist. Trotz der fehlenden oder verkürzten Rute kann ein Australian Shepherd mit Natural Bobtail weiterhin effektiv kommunizieren, da Hunde über eine Vielzahl anderer körperlicher Ausdrucksformen verfügen, um ihre Emotionen und Absichten zu zeigen. Körpersprache, Gesichtsausdruck, Ohrhaltung und Stimmlage sind nur einige der Wege, auf denen Hunde miteinander und mit ihren Besitzern kommunizieren.
Insgesamt kann ein Australian Shepherd mit Natural Bobtail also immer noch in der Lage sein, sich angemessen zu verständigen und zu interagieren, selbst ohne eine lange Rute. Durch genetische Variationen wie der Natural Bobtail sind die Tiere gesundheitlich nicht einschränkt.

Wichtig zu wissen ist jedoch, dass man zwei Hunde mit NBT nicht miteinander verpaaren sollte. Wenn man zwei Hunde mit Natural Bobtail-Eigenschaften miteinander verpaart, erhöht sich die Wahrscheinlichkeit, dass die Welpen das Gen für den Natural Bobtail von beiden Elternteilen erben. Dies kann zu einem Phänomen führen, das als „Bobtail-Glück" bekannt ist. Bei manchen Welpen kann dabei die natürliche Länge des Schwanzes so drastisch reduziert sein, dass sogar Teile des Rückenmarks betroffen sind, was zu schweren neurologischen Problemen führen kann.
In Bezug auf die embryonale Entwicklung sterben kranke Föten bereits im Mutterleib aufgrund genetischer Defekte

oder Abnormalitäten. Wenn während der Befruchtung oder der frühen Embryonalentwicklung schwerwiegende genetische Defekte auftreten, kann der Organismus sie als unvereinbar mit dem Leben erkennen und entscheiden, dass eine normale Entwicklung nicht möglich ist. In solchen Fällen kann es zu einer spontanen Fehlgeburt kommen, um die Ressourcen der Mutter optimal für die gesunden Föten zu nutzen.
Es ist daher wichtig, dass Züchter verantwortungsbewusst mit der Verpaarung von Hunden umgehen, insbesondere bei Merkmalen wie dem Natural Bobtail, um mögliche genetische Risiken zu minimieren und sowohl die Gesundheit der Welpen als auch der Mutter zu gewährleisten.

Ausschluss von Trainingseinheiten und Prüfungen
Leider springen viele Hundeschulen, Amtsveterinäre und Tierärzte auf den Qualzuchtzug auf und haben in der Vergangenheit Hunde mit einer Merle-Zeichnung oder einer Stummelrute vom Training oder sogar von Prüfungen ausgeschlossen. Einige Rettungshundestaffeln dürfen z. B. keine Merle-Hunde mehr mit ins Training nehmen. Nur Hunde, die schon eingesetzt wurden und regelmäßig trainiert haben, dürfen diesem Job weiterhin nachgehen und auch geprüft werden.

Was tun?

Was kann man also als Besitzer und Züchter tun, um Ärger mit Behörden aus dem Weg zu gehen? Sie sollten in jedem Fall, sofern nicht durch den Züchter geschehen, Ihren Hund auf den M-Lokus testen lassen, auch wenn Sie selbst nie züchten möchten. Sollte Sie einmal der nette Nachbar von nebenan beim Veterinäramt melden, weil Sie einen Merle-Hund zu Hause haben, müssen Sie nicht in Panik geraten. In der Regel wird der Mitarbeiter der zuständigen Behörde unverrichteter Dinge wieder von Dannen ziehen. Haben Sie aber einmal das Pech und geraten an einen Mitarbeiter, der schlecht oder gar nicht informiert ist, sind Sie vorbereitet und können ihm nachweisen, dass Sie keine Qualzucht (also keinen Doppelmerle) besitzen. Dies hat den Vorteil, dass er von weiteren Maßnahmen wie z. B. der angeordneten Kastration Abstand nehmen muss. Und bleiben Sie immer freundlich, auch wenn es in gewissen Situationen wirklich schwerfällt.

Beim Thema NBT kann ebenfalls ein Gentest Abhilfe schaffen, dieser beweist nicht nur das Brachyurie-Gen, sondern auch, dass Ihr Hund nicht kupiert wurde, wobei Letzteres bei Hunden aus dem Ausland nicht ausgeschlossen werden kann, denn die meisten Hunde mit ganz kurzem NBT wurden nachkupiert. Ganz kurze NBT sind eher selten und man kann davon ausgehen, dass man hier nachgeholfen hat. Wer es ganz genau wissen möchte, kann beim Tierarzt ein Röntgenbild anfertigen lassen. Während ein echter NBT zusammenlaufende Wirbel (kegelförmig) hat, sieht eine kupierte Rute aus, als hätte man sie abgehackt, die Wirbel werden zum Ende hin nicht schmaler.

Sollten Sie als Züchter ins Visier des Veterinäramtes aufgrund der Qualzucht-Thematik geraten sein, keine Panik! Es ist mühsam, kostet Nerven, aber mit einem guten Anwalt an Ihrer Seite mit Fachgebiet Hundezucht werden Sie in der Regel alles aus der Welt schaffen können. Aber achten Sie auch hier auf die Wahl des Anwaltes, da es Anwälte gibt, die Merle und NBT persönlich ebenfalls als Qualzucht ansehen. Daher ist es ratsam, vorab über das Thema zu sprechen. Sie werden schnell merken, wie der Jurist dazu steht.

An dieser Stelle muss aber auch ganz klar gesagt werden, dass man aus diesen Gründen von vornherein zu einem seriösen Züchter gehen sollte, wenn man auf der Suche nach einem Hund fürs Leben ist, denn viele Dinge lassen sich aufgrund dieser Entscheidung schon vermeiden. Und man darf nicht vergessen, die TierSchHuV soll im Sinne unserer Vierbeiner sein. Auch wenn Sie uns in vielen Bereichen ärgert, so schafft sie doch bei vielen Hunden ein besseres Leben und einige Qualen haben dadurch hoffentlich in Zukunft ein Ende. Man darf aber auch nicht radikal an das Thema rangehen, denn würde man z. B. jetzt alle Merles und Hunde mit NBT aus der Zucht nehmen (so wie es einige fordern), würde sich der Genpool in kurzer Zeit so minimieren, dass dies ebenfalls nicht gesund für die Rasse wäre.

Merlefarbene Hunde sind keine Qualzucht!

Bevor der Welpe einzieht

Endlich ist es so weit. Sie haben sich für einen Welpen entschieden und fiebern nun seinem Einzug entgegen. Als Besitzer eines Aussies oder MAS können Sie sich auf die Begegnung mit einem intelligenten, wachen und liebevollen Hund freuen, der bereit ist, ein treuer Begleiter und aktives Familienmitglied zu sein. Vorher ist aber noch einiges zu beachten.

Die Vorbereitung auf das neue Familienmitglied beinhaltet die Schaffung eines sicheren und komfortablen Bereichs, in dem sich der Hund entspannen und ankommen kann. Außerdem sind ausreichend Bewegung und geistige Stimulation, aber auch strikte Ruhephasen wichtig, daher ist es ratsam, sich auf regelmäßige Spaziergänge, mentale Herausforderungen und vielleicht sogar Hundesportarten vorzubereiten.

Die Bindung zu Ihrem neuen Familienmitglied wird über gemeinsame Aktivitäten, liebevolle Fürsorge und konsequente Erziehung gestärkt. Aussies und MAS sind äußerst lernbegierig und reagieren gut auf positive Verstärkungsmethoden. Eine klare und liebevolle Führung wird dazu beitragen, ein starkes Band zwischen Ihnen und Ihrem Hund aufzubauen.

Sicherheitsmaßnahmen für den Neuankömmling

Bevor der Welpe einzieht, sollte man überprüfen, ob auch wirklich alles welpensicher ist. Notfalls hilft es, selbst einmal auf allen Vieren durch Haus und Garten (oder Wohnung) zu kriechen. Dinge, die für uns als ungefährlich eingestuft oder einfach übersehen werden, können für den Welpen schlimmstenfalls tödlich enden.

Hier eine kleine Auflistung von potenziellen Gefahrenquellen und wie man seinen Hund davor schützen kann:

- Steckdosen und Mehrfachstecker: Kindersicherungen verwenden, Mehrfachstecker unzugänglich machen.
- Medikamente: Keine Tabletten liegen lassen; vor allem im Junghundealter kommen die Hunde auch auf erhöhte Tische, daher Medikamente immer im Medizinschrank lagern.
- Treppen: Können durch Türschutzgitter gesichert werden.
- Fenster: Nie ganz geöffnet lassen, wenn der Hund unbeobachtet ist.
- Kleinteile: Sie können verschluckt werden und zum Ersticken oder Darmverschluss führen, daher nicht herumliegen lassen.
- Pflanzen: Giftige Pflanzen woanders lagern oder abgeben.
- Spülmaschine: Hier kann sich der Welpen an spitzen Gegenständen verletzen, daher immer schließen.
- Gartenteich/Pool: Welpen nicht allein im Garten lassen; Gewässer sichern, damit er nicht ertrinken kann.
- Zaun: Auf Löcher kontrollieren und schauen, ob der Welpe irgendwo hindurch passt.
- Großtiere: Werden noch andere Tiere wie Pferde oder Rinder gehalten, den Welpen nicht dazwischen laufen lassen, da die Gefahr, getreten zu werden, sehr groß ist.

- Balkon oder Dachterrasse: Immer im Auge behalten und falls nötig sichern; bereits ein Sturz aus dem 1. OG kann für einen Welpen tödlich sein.
- Spielzeug: Auch wenn das neue Hundespielzeug aus einem Fachgeschäft ist, sollte der Welpe niemals damit unbeaufsichtigt spielen dürfen. Bälle dürfen nicht zu glatt und zu klein sind, damit sie nicht verschluckt werden können.

Bereit für den Umzug! ▶

Der beste Zeitpunkt für die Abholung

Die Abholung ist sowohl für den Züchter als auch für den Käufer eine sehr aufregende und emotionale Sache, denn einerseits freut man sich als Züchter, dass der Nachwuchs ein wundervolles Zuhause gefunden hat, doch andererseits hängt an jedem einzelnen Welpen sein Herz.

Man hat viel Zeit, Geduld, Liebe und manchmal auch Tränen in den Wurf gesteckt und mit dem Welpen geht nun ein Stück von seinem Herzen.

Beim Käufer ist es ähnlich. Man freut sich sehr auf das neue Familienmitglied, aber häufig kommen gleichzeitig Zweifel. Wird man dem Hund gerecht? Hat man das Richtige gemacht? Was ist, wenn Probleme auftreten? Lassen Sie sich sagen, diese Zweifel sind ganz normal und zeigen nur, dass Sie sich wirklich Gedanken gemacht und nicht leichtfertig einen Hund angeschafft haben. Gefühlt hatte jeder meiner Welpenkäufer diese Gedanken und keiner meiner Welpen kam zurück, bis auf eine Ausnahme, aber da sah das Ganze etwas anders aus.

Aber wann ist nun der richtige Zeitpunkt? Pauschal lässt sich das nicht beantworten, da jeder Züchter dies anders handhabt und es auch etwas von den Welpen abhängig ist. Es lässt sich aber sagen, dass die Abholung spätestens bis zur 12. Woche geschehen sollte. Zwischen der 8. und 12. Lebenswoche gehen die Kleinen noch einmal durch eine Angstphase. Alles, was neu ist, wird eher ängstlich oder skeptisch beäugt, und alle diese Dinge, die die Welpen in Angstzustände versetzen, können langfristig einen Eindruck auf die Kleinen hinterlassen. Deshalb ist es jetzt besonders wichtig, die Welpen in kleinen Schritten an alles heranzuführen, mit dem sie auch in ihrem späteren Leben immer wieder konfrontiert werden. Hier ist es sinnvoll, wenn der Welpe schon im neuen Zuhause ist und besser darauf eingegangen werden kann als in einem Rudel beim Züchter.

Ich handhabe es so, dass meine Welpen mit 8 ½ Wochen geimpft werden, dann bleiben Sie noch drei bis fünf Tage, damit Sie nicht doppelten Stress durch die Impfung und den Umzug haben. Manchmal treten auch Impfreaktionen auf und gerade dann sollte der Welpe in der vertrauten Umgebung bleiben dürfen.

Meine Welpen müssen nicht zwingend mit der 9. oder 10. Woche ausziehen. Sollte es nötig sein, behalten wir unsere Welpen auch gerne länger bei uns. Meine Erfahrungen zeigen aber, dass die Abgabe um die 9. bis 10. Woche ideal ist. Denn mit der 9. Woche (manchmal auch früher) fangen auch die ersten Konflikte unter den Geschwistern an und die Welpen sind schon ziemlich selbstständig ohne die Mutterhündin unterwegs.

Kauft man einen Hund aus dem Ausland, muss man sich natürlich an die geltenden Bestimmungen halten. Ausschlaggebend ist hier meist die Tollwutimpfung. Da diese erst später stattfindet und die Tiere nur mit vollem Impfschutz importiert werden dürfen, können Hunde aus dem Ausland meistens erst nach der 16. Woche abgeholt werden. Der Nachteil ist, dass die wichtige Prägephase von der 8. bis zur 16. Woche nicht im neuen Zuhause stattfindet. Hier wäre es dann wichtig zu wissen, dass der Züchter die Welpen in der Zeit schon an viele verschiedene Umwelteinflüsse gewöhnt und sie nicht völlig unerfahren und vielleicht sogar ängstlich und kaum sozialisiert bei einem einziehen.

Was wird ihn im neuen Zuhause erwarten?

Bürokratisches rund um den Hund

Der Besitz eines Hundes bringt viele Freuden mit sich, aber es gibt auch eine Reihe von Verantwortlichkeiten und bürokratischen Dingen, die man als Hundebesitzer im Auge behalten sollte.

Wer mit seinem Vierbeiner verreisen möchte, muss sich vorher über die jeweiligen Einreisebestimmungen für Hunde informieren.

Heimtierausweis

Wenn Sie den Welpen abholen, ist er gechipt und entwurmt und hat durch seine Impfungen eine Grundimmunisierung erhalten. Dies ist alles zusammen mit seinem Namen im Heimtierausweis vermerkt und daher so etwas wie ein Personalausweis Ihres Hundes. Dieser Ausweis wird Ihnen vom Züchter gleich mitgegeben. Die Tollwutimpfung darf aber erst später erfolgen. Lassen Sie sich daher möglichst früh von Ihrem Tierarzt über die weiteren erforderlichen Impfungen beraten. Vor allem wenn Sie mit dem Hund Veranstaltungen wie Ausstellungen oder Hundesportwettkämpfe besuchen oder mit ihm verreisen möchten, müssen Sie bestimmte Impfungen nachweisen. Sie werden ebenso wie die Nummer des Mikrochips im Heimtierausweis eingetragen. Die Impfvorschriften können je nach Land und Veranstaltung unterschiedlich sein. Daher sollten Sie sich immer rechtzeitig darüber informieren.

Versicherungen

Eine **Haftpflichtversicherung** für Hunde ist eine der wichtigsten Versicherungen und man sollte sie auf alle Fälle abschließen. Sie deckt Schäden ab, die Ihr Hund verursachen könnte, sei es durch Bisse, Sachbeschädigung, Verursachung von Unfällen oder andere Vorfälle.
Eine Haftpflichtversicherung bietet Ihnen finanziellen Schutz und kann Ihnen helfen, hohe Kosten für Schadensersatzforderungen oder medizinische Behandlungen bei Geschädigten zu vermeiden. Informieren Sie sich bei verschiedenen Versicherungsgesellschaften über die Deckungsoptionen und finden Sie eine, die Ihren Bedürfnissen entspricht. Wenn Sie bei Veranstaltungen wie Ausstellungen oder Wettkämpfen mit Ihrem Hund teilnehmen wollen, ist so eine Versicherung ohnehin Pflicht.

Seit Längerem gibt es auch **Tierkrankenversicherungen**. Sie helfen Ihnen, die Kosten für Tierarztbesuche, medizinische Behandlungen und Notfälle Ihres Hundes zu decken. Tierarztkosten können schnell hoch werden, besonders bei schweren Verletzungen oder Krankheiten. Eine Tier-

Ob klein oder groß –
bestimmte Vorschriften gelten für alle Hunde.

Eine Haftpflichtversicherung für Hunde ist immer sinnvoll – egal ob im Urlaub oder zu Hause.

krankenversicherung kann Ihnen helfen, diese Kosten zu bewältigen und sicherzustellen, dass Ihr Hund die bestmögliche medizinische Versorgung erhält.
Vor dem Abschluss einer Versicherung vergleichen Sie die verschiedenen Angebote hinsichtlich Deckungsumfang, Kosten und Wartezeiten, da es hier recht große Unterschiede geben kann.

Eine **OP-Versicherung** deckt die Kosten von Operationen für Ihren Hund ab. Dies kann besonders nützlich sein, wenn Ihr Hund anfällig für bestimmte gesundheitliche Probleme ist, die möglicherweise eine Operation erfordern.

Es empfiehlt sich in jedem Fall, einen Versicherungsfachmann bzw. -makler als kompetenten Berater an seiner Seite zu haben. Achten Sie darauf, dass dieser sich auf das Fachgebiet Hund spezialisiert hat (eine Kontaktadresse finden Sie im Anhang).

Registrierung

Ein weiterer wichtiger Aspekt bei der Haltung eines Hundes ist die **Registrierung bei den örtlichen Behörden**.
In den meisten Ländern und Regionen ist es gesetzlich vorgeschrieben, Hunde registrieren zu lassen und eine Hundemarke zu tragen. Diese Registrierung dient dazu, den Besitzer des Hundes zu identifizieren.
In Deutschland wird in der Regel auch eine **Hundesteuer** erhoben. Die Höhe kann je nach Region oder Gemeinde sehr unterschiedlich sein und hängt auch davon ab, wie viele Hunde in einem Haushalt leben. Informieren Sie sich über die geltenden Gesetze und Vorschriften in Ihrem Gebiet und zahlen Sie die Hundesteuer fristgerecht, um mögliche Strafen zu vermeiden.

Darüber hinaus ist es auch sinnvoll, den Hund bei Organisationen wie Tasso oder Findefix zu registrieren, für den Fall, dass er wegläuft oder abhandenkommt – aus welchen Gründen auch immer. Der Hund ist zwar durch den implantierten Chip zu identifizieren, aber es macht nur Sinn, wenn der Besitzer seine Daten bei solchen Organisationen hinterlegt.
Weiterhin sollten Sie sich auch über die regionalen Vorschriften und Gesetze informieren, die speziell für Hunde gelten. In einigen Gegenden kann es Einschränkungen für bestimmte Hunderassen geben oder es können bestimmte Vorschriften für Hunde an öffentlichen Orten gelten. Indem Sie sich über diese Vorschriften informieren und diese beachten, vermeiden Sie potenzielle Konflikte und sorgen für die Sicherheit Ihres Hundes und anderer.

In einigen Ländern oder Städten gibt es spezielle Vorschriften zur **Maulkorb- und Leinenpflicht**. Informieren Sie sich über die jeweiligen Bestimmungen und stellen Sie sicher, dass Sie diese einhalten, wenn Sie Ihren Hund an öffentlichen Orten ausführen.

Stellen Sie sicher, dass Sie die örtlichen **Haltungsvorschriften** für Hunde kennen und einhalten. Dies kann beispielsweise Anforderungen an die Größe des Hundezwingers, das Vermeiden von Lärmbelästigung oder das Entfernen von Hundekot umfassen.
Für Züchter, vor allem gewerbsmäßige Züchter, kommen nochmal einige Dinge hinzu. Mehr dazu erfahren Sie im Kapitel über die Zucht.

Die richtige Beschäftigung

Als Besitzer eines Hütehundes wie dem Aussie oder MAS wird man oft typische Sätze hören wie: „Da müssen Sie aber viel Zeit haben, die brauchen so viel Beschäftigung" oder auch immer beliebt „Haben Sie denn auch Schafe?" Natürlich will ein Aussie beschäftigt werden, doch vor allem im ersten Jahr heißt es, Ruhe lernen, sich in Frustrationstoleranz üben und das ABC der Hundeerziehung lernen. Erst ab dem 12. Monat sollte man das Ganze nach und nach steigern. Wer zu viel im ersten Jahr macht, kann Pech haben, einen kleinen, tyrannischen, unausgeglichenen Workaholic an der Leine zu haben – und glauben Sie mir, das möchten Sie nicht.

Hinweis!
Wie ein Welpe stubenrein wird, wie man ihn erzieht und auf was man dabei alles achten muss, ist in zahlreichen anderen Büchern beschrieben und gilt für den Australian Shepherd und den Miniature American Shepherd gleichermaßen. Daher wird hier nicht näher darauf eingegangen. Empfehlenswerte Bücher zu diesen Themen finden Sie im Anhang unter „Zum Weiterlesen".

Hundeschule oder Verein?

Der erste Weg mit seinem neuen Familienmitglied führt oft in die Hundeschule oder den Verein, um an einer Welpen- oder Junghundegruppe teilzunehmen, sich auf die Begleithundprüfung vorzubereiten oder sich einfach etwas Unterstützung bei der Erziehung und möglichen Vorbereitung auf den Hundesport zu holen.
Wo liegt aber hier der Unterschied? Hundeschulen arbeiten meist mit einem Kartensystem, wo man für 10 Stunden die Summe X zahlt und dann immer wieder neue Karten kaufen kann oder eben nicht. Vereine arbeiten teilweise auch mit Kartensystemen, weil nicht jeder einem Verein beitreten will, aber der Sinn eines Vereins ist natürlich eigentlich der Beitritt.

Der große Vorteil bei Vereinen ist der Kostenpunkt. Man zahlt einmal im Jahr den Mitgliedsbeitrag (der zwischen 50,- und 150,- Euro liegen kann) und kann an allen Trainingseinheiten teilnehmen, ohne etwas extra zahlen zu müssen. Wer Turnierambitionen hat, ist ebenfalls in einem Verein besser aufgehoben. Aber pauschal kann man nicht sagen, ob etwas besser oder schlechter ist, dies muss man persönlich für sich entscheiden.
Wer nur den Welpenkurs besuchen möchte, muss dafür nicht extra einem Verein beitreten und andersherum ist der aktive Hundesportler in den meisten Hundeschulen fehl am Platz.

Die Begleithundprüfung

Die Begleithundprüfung ist in vielen Ländern eine standardisierte Prüfung, die den Grundgehorsam eines Hundes überprüft und seine Eignung als verlässlicher und gut erzogener Begleiter bestätigt. Diese Prüfung ist ein wichtiger Schritt im Hundetraining und meistens die Voraussetzung für die Teilnahme an Wettkämpfen in den verschiedenen Hundesportarten.

Aufbau der Begleithundprüfung

- Theoretische Prüfung: In einigen Ländern kann die Begleithundprüfung mit einer theoretischen Prüfung beginnen, die das Wissen des Hundehalters über Hundeverhalten, Haltung, Pflege und Gesetze über Hunde prüft.

Die Leinenführigkeit gehört zu den Basics der Erziehung und fällt einem Aussie oder einem MAS nicht schwer.

- Mündliche Prüfung: Einige Prüfungen können auch ein mündliches Gespräch mit dem Hundehalter beinhalten, um sicherzustellen, dass er über das Verhalten seines Hundes Bescheid weiß und angemessene Maßnahmen ergreifen kann.
- Praktische Prüfungsteile: Dies beinhaltet typischerweise verschiedene Übungen, die das Verhalten und den Gehorsam des Hundes bewerten. Dazu gehören normalerweise Leinenführigkeit, Abrufen auf Distanz, Ablegen und ruhiges Verhalten in unterschiedlichen Umgebungen (z. B. im Verkehr oder in der Stadt), Sitz- und Platzübungen und das Verhalten gegenüber anderen Hunden und Menschen.

Verwendungszweck

- Alltagsgehorsam: Die Begleithundprüfung bestätigt, dass der Hund im Alltag gut gehorcht und sich angemessen verhält, was für die tägliche Leitung und Kontrolle des Hundes wichtig ist.
- Hundesport und Wettkämpfe: Viele Hundesportarten, wie Agility oder Obedience, erfordern die Begleithundprüfung als Voraussetzung, um an Wettkämpfen teilnehmen zu können.

Ablauf der Prüfung:

- Gehorsam: Der Hund und der Halter werden auf ihre Fähigkeit zur Kontrolle und Sicherheit im Alltag beurteilt. Dabei werden Gehorsamkeit, Bindung und die Fähigkeit des Hundes, auf Signale und Kommandos zu reagieren, bewertet.
- Sozialverhalten: Die Prüfung beinhaltet oft die Interaktion mit anderen Hunden und Menschen, um das Verhalten des Hundes in sozialen Situationen zu bewerten. Aggressives Verhalten wird hierbei nicht toleriert.
- Leinenführigkeit: Der Hund sollte ruhig und kontrolliert an der Leine gehen können, ohne zu ziehen oder unkontrolliert zu reagieren.
- Abrufübungen: Das zuverlässige Abrufen des Hundes ist ein wichtiger Bestandteil der Prüfung, um zu zeigen, dass der Hund auf Distanz gehorchen kann und sicher zurückkehrt.

Die Begleithundprüfung ist eine wertvolle Möglichkeit, die Bindung zwischen Hund und Halter zu stärken, den Alltagsgehorsam zu üben und die Kontrolle des Hundes in verschiedensten Situationen zu testen. Es ist eine wichtige Grundlage für ein harmonisches Zusammenleben zwischen Mensch und Hund.

Was ist die nächste Aufgabe? Ich bin bereit!

Geeignete Hundesportarten

Agility

Der Hundesport Agility ist eine beliebte Aktivität, die Hunde körperlich und geistig herausfordert. Bei Agility müssen Hunde einen Hindernisparcours überwinden, der aus verschiedenen Elementen wie Tunneln, Slalomstangen, Hürden und Wippen besteht. Diese Disziplin erfordert nicht nur Schnelligkeit, sondern auch Geschicklichkeit, Koordination und Gehorsam vom Hund. Agility stärkt die Bindung zwischen Hund und Halter, da beide als Team zusammenarbeiten, um die Hindernisse zu bewältigen. Es ist auch eine großartige Möglichkeit, die Fitness und das Selbstvertrauen des Hundes zu verbessern. Viele Hunde genießen die Herausforderung und den Spaß, den Agility bietet.

◄ Aus einem Agility-Wettkampf sind Australian Shepherds nicht mehr wegzudenken.

Agility-Wettkämpfe werden auf verschiedenen Ebenen ausgetragen, angefangen von Anfänger- bis hin zum Profi-Level. Bei Wettkämpfen gibt es die Einteilung in verschiedene Gruppen abhängig von der Größe. Somit ist es auch der ideale Sport für die kleinen MAS. Es ist wichtig, dass die Hunde vor Beginn des Sports entsprechend trainiert werden, um Verletzungen zu vermeiden. Insgesamt ist Agility eine unterhaltsame und lohnende Aktivität, die sowohl Hund als auch Halter gleichermaßen begeistern kann.
Gerade bei aktiven Hunden wie dem Aussie und dem MAS empfiehlt es sich, zusätzlich noch einen ruhigen Ausgleich zu diesem recht schnellen Sport zu betreiben. Die Erfahrung hat gezeigt, dass die Hunde dann wesentlich ruhiger und ansprechbarer sind, als wenn sie immer nur Vollgas geben müssen.

◄ Für das rasante Agility ist auch der Miniature American Shepherd geeignet.

Turnierhundesport

Der Turnierhundesport (THS) ist ein vielseitiger Hundesport, der verschiedene Disziplinen kombiniert, um die Fähigkeiten von Hund und Halter zu testen. Es gibt mehrere aufregende Disziplinen, die sowohl physische als auch mentale Herausforderungen für Mensch und Hund bieten. Hier sind einige der populärsten Disziplinen im Turnierhundesport aufgeführt.

1. Vierkampf: Der Vierkampf ist die Königsdisziplin im THS und umfasst vier verschiedene Prüfungen: Gehorsam, Hürdenlauf, Slalom und Hindernislauf. Diese Disziplin erfordert eine hohe Konzentration und Koordination von Hund und Halter.
2. Geländelauf: Beim Geländelauf müssen Mensch und Hund gemeinsam eine festgelegte Strecke über unterschiedliches Gelände bewältigen. Diese Disziplin testet die Ausdauer und das Durchhaltevermögen des Teams.
3. Shorty: Beim Shorty müssen Hund und Halter verschiedene Aufgaben wie Sprinten, Apportieren und Slalomlaufen schnellstmöglich erledigen. Diese Disziplin ist besonders actionreich und erfordert eine enge Zusammenarbeit zwischen Hund und Mensch.
4. Combi-Speed-Cup: CSC kombiniert verschiedene Elemente wie Hindernisparcours, Slalom und Geschicklichkeitsübungen. Hier ist Schnelligkeit und Geschicklichkeit gefragt, um die Aufgaben erfolgreich zu meistern.
5. Hindernislauf: Beim Hindernislauf müssen Hund und Halter gemeinsam einen Parcours mit verschiedenen Hindernissen bewältigen. Diese Disziplin fordert Geschwindigkeit, Wendigkeit und Teamwork.

Der Turnierhundesport bietet eine großartige Möglichkeit für Hund und Halter gemeinsam aktiv zu sein. Es ist wichtig, dass Mensch und Hund gut trainiert sind und die Regeln der jeweiligen Disziplinen kennen, um sicher und erfolgreich an Wettkämpfen teilzunehmen.

Obedience und Rally-Obedience

Gehorsamkeitstraining ist ein wichtiger Bestandteil der Hundeerziehung, und sowohl Obedience als auch Rally-Obedience sind Disziplinen, die darauf abzielen, die Gehorsamkeit und die Teamarbeit zwischen Hund und Halter zu fördern.

Obedience ist eine anspruchsvolle Hundesportart, die Präzision, Teamarbeit und Gehorsamkeit betont. Bei Obedience gehen Hund und Halter gemeinsam verschiedene Übungen durch, die aus Gehorsamsübungen wie Fußarbeit, Sitz, Platz, Abruf und Apportieren bestehen.

Gehorsamkeit in Perfektion –
genau das Richtige für einen Australian Shepherd!

Diese Übungen werden auf einem festgelegten Parcours durchgeführt und von Richtern bewertet. Obedience erfordert eine hohe Konzentration und Präzision von Hund und Halter und ist eine sehr strukturierte Disziplin.

Rally-Obedience ist eine etwas lockerere Variante von Obedience, die den Fokus auf Teamarbeit und Spaß legt. Bei Rally-Obedience absolvieren Hund und Halter gemeinsam einen Parcours mit verschiedenen Stationen, an denen bestimmte Aufgaben ausgeführt werden müssen. Diese Aufgaben können das Sitzen, das Abrufen, das Durchlaufen von Slalomstangen und andere Gehorsamsübungen beinhalten. Anders als bei Obedience darf der Hund während des Parcours verbal und mit Sichtzeichen unterstützt werden. Rally-Obedience ist eher dynamisch und erlaubt mehr Interaktion zwischen Hund und Halter.

Insgesamt sind sowohl Obedience als auch Rally-Obedience großartige Möglichkeiten, die Bindung zwischen Hund und Halter zu stärken, die Gehorsamkeit des Hundes zu verbessern und gemeinsam Spaß zu haben. Jede Disziplin hat ihre eigenen Reize und Herausforderungen, und die Wahl zwischen Obedience und Rally Obedience hängt von den Vorlieben und Zielen des Hundes und seines Halters ab.

Hüten

Natürlich gilt das Hüten zu den Top Ten der besten Beschäftigungsmöglichkeiten vor allem für den Australian Shepherd. Allerdings ist es für den normalen Hundehalter eher schwierig, wenn er nicht gerade selbst Vieh hält. Man sollte auch nicht unbedingt an einem Hüte-Seminar teilnehmen, wenn man im Anschluss nicht die Möglichkeit hat, regelmäßig zu trainieren, denn manchmal weckt es „schlafende Hunde“ und bringt mehr Probleme als Nutzen. Auch ist nicht jeder Aussie für die Arbeit am Vieh geeignet.

Für das Hüten von Rindern braucht ein Aussie viel Mut und Wendigkeit.

In Deutschland gibt es in der Regel hauptsächlich Hunde aus Showlinien. Doch hier sollte betont werden, dass die spezifischen Eigenschaften der Australian Shepherds als Hütehund unbedingt erhalten werden sollten. Falls Sie unschlüssig sind, welcher Hund aus welcher Linie am besten zu Ihnen passt, empfehle ich Ihnen, verschiedene Züchter aufzusuchen sowie Ausstellungen und Hüte-Trials zu besuchen. Dort haben Sie die Gelegenheit, viele Menschen kennenzulernen, die Ihnen mehr über Aussie-Eigenschaften erzählen können und Ihnen gerne ihre Hunde vorstellen. Es ist nicht zwingend erforderlich, dass Sie zu Hause eine Schafherde haben, wenn Sie einen Hund aus einer Arbeitslinie in Betracht ziehen. Manche Züchter verkaufen zwar ausschließlich an Schäfer oder Landwirte, aber ein Hund aus einer Arbeitslinie kann sich auch in sportlichen Familien wohlfühlen.

Statt Schafe oder Rinder kann der Aussie natürlich auch wie hier Gänse oder Enten hüten.

Wenn Sie nun Interesse an der Arbeit am Vieh haben, es vielleicht sogar zusammen mit Ihrem Hund erlernen möchten, ist der WEWASC e. V. der richtige Ansprechpartner für Sie. Dies ist ein der ASCA angeschlossener Verein zur Zucht, Erhaltung und Förderung von arbeitenden Aussies sowie Ausrichter von Hüte- und Obedience-Trials. Hier können Ihnen kompetente Trainer vermittelt werden. Niemals sollten Sie ohne Erfahrung und ohne Hilfe versuchen, das Ganze selbst zu erlernen. Es kann dabei zu viel schief gehen und schlimmstenfalls tödlich für den Hund enden.

Aussie und MAS als Reitbegleiter

Besucht man ein Turnier im Westernreitsport, kommt man gar nicht an ihnen vorbei: Seit Jahrzehnten gehört der Aussie zum Westernsport wie das Quarter Horse zum Westernreiter. Kennt man seine Geschichte, weiß man, woher es kommt, dass der Aussie bis heute bei den Westernreitern so beliebt ist. Denn schon am Anfang seiner Geschichte begleitete er die Rancher auf Farmen und war dank seiner Ausdauer ein toller Begleiter. Aber nicht nur Westernreiter sind dem Aussie treu geblieben, auch Freizeitreiter oder Reiter aus anderen Sparten wollen den Aussie heute nicht mehr missen. So sieht man ihn häufig auch auf Horse & Dog Trails oder im Gelände mit seinen Besitzern. Und auch der kleinere MAS hat in diesen Kreisen schon seine Liebhaber gefunden.

Möchte man seinen Aussie oder MAS später auch mit ans Pferd nehmen, empfiehlt es sich, ihn schon im Welpenalter an Pferde zu gewöhnen und altersentsprechend mit ihm zu trainieren. Keinesfalls sollten Sie es dulden, wenn er anfängt die Pferde zu hüten oder anzubellen. Dies kann sich so manifestieren, dass der Stallbesuch für Sie und Ihren Hund nur im Stress endet.

Auch hier gilt: Eine klare Struktur und Konsequenz sind sowohl beim Australian Shepherd als auch bei seinem kleinen Vetter notwendig, damit der Hund nicht allein für etwas entschei-

det und sich so unerwünschtes Verhalten entwickelt. Fangen Sie in kleinen Schritten an, üben Sie anfangs immer vom Boden aus. Erst wenn alles sitzt, sollten Sie das Training vom Sattel aus erweitern. Bleiben Sie dabei möglichst in der Halle oder auf dem Platz, falls es anfangs doch mal zu Problemen kommen sollte. Holen Sie sich bestenfalls eine zweite Person für das Training dazu.
Für einen gemeinsamen Ausritt gehört auch unbedingt der Grundgehorsam. Ihr Hund muss zu jeder Zeit abrufbar sein, wenn sich z. B. andere Hunde, Menschen oder Autos nähern, wenn man eine Straße überqueren muss oder im Wald ein Wildtier den Weg kreuzt. Ist er dann nicht unter Kontrolle, kann dies schnell in einer Katastrophe enden. Das Training hierfür erfordert viel Zeit, Übung und Geduld, ist aber mit einem Aussie oder MAS wesentlich einfacher als mit so mancher anderen Hunderasse. Und wenn Sie das Ziel erreicht haben, steht einem entspannten Ausritt mit Hund nichts im Wege. Was gibt es Schöneres!

Die idealen Reitbegleiter!

Jobs für den Aussie

Der eine oder andere Aussie ist sicherlich auch dafür geeignet, einen „echten Job" zu machen, wie als Rettungshund, Therapiehund, Schulhund usw. Man sollte dabei aber nie den Standard außer Acht lassen, denn dieser besagt, dass der Australian Shepherd und der MAS gegenüber Fremden reserviert sein können. So darf man also nicht erwarten, dass jeder Aussie oder MAS ohne Probleme mit in die Schule oder ins Altenheim gehen möchte oder gerne losläuft, um fremde Menschen zu suchen. Dies muss ganz individuell entschieden werden, denn das Wichtigste am Ganzen ist der Spaß dabei. Es gibt noch so viele weitere Möglichkeiten, seinen MAS oder Aussie zu beschäftigen. Hierbei sollte Spaß an erster Stelle stehen. Um einen gewissen Grundgehorsam kommt allerdings kein Hund herum, denn dies ist die Basis für ein entspanntes Zusammenleben.

Immer häufiger trifft man Aussies auch bei einer Rettungshundestaffel an.

Kinder und Aussies

Der Einzug eines Shepherd-Welpen, ob Aussie oder MAS, in eine Familie mit Kindern ist aufregend und kann eine wunderbare Erfahrung sein. Es ist wichtig, von Anfang an eine positive Beziehung zwischen dem Welpen und den Kindern aufzubauen, damit sich alle sicher und glücklich fühlen. Der erste Eindruck und die Interaktionen in den ersten Tagen und Wochen legen den Grundstein für die zukünftige Beziehung.

Hier sind einige ausführliche Tipps.

- Zeigen Sie den Kindern, wie wichtig es ist, dass sie sich sanft und respektvoll gegenüber dem Welpen verhalten. Erklären Sie ihnen, dass der Welpe klein und zart ist und daher besondere Rücksichtnahme benötigt. Kinder sollten verstehen, dass sie den Welpen nicht grob behandeln dürfen oder übermäßig aufdringlich sein sollten.
- Beginnen Sie damit, den Kindern schon vor der Ankunft des Welpen zu erklären, warum es wichtig ist, dass sie immer in der Nähe eines Erwachsenen sind, wenn sie mit dem Welpen spielen. Erklären Sie, dass der Welpe zwar niedlich und verspielt ist, aber auch Schutz und Anleitung benötigt.
- Lassen Sie die Kinder nie allein mit dem Welpen. Ein Erwachsener sollte immer in der Nähe sein, um die Interaktionen zu überwachen und bei Bedarf unterstützend einzugreifen. Durch diese direkte Beobachtung können

Ein liebevoller Umgang mit dem Welpen ist wichtig!

mögliche Missverständnisse oder unangemessenes Verhalten frühzeitig erkannt und korrigiert werden.
- Demonstrieren Sie den Kindern, wie sie den Welpen richtig aufheben und halten können, am besten unter Aufsicht eines Erwachsenen. Zeigen Sie dabei, wie sie den Welpen sanft streicheln und ihm Gelegenheit geben, sie kennenzulernen.
- Ermutigen Sie die Kinder, sich dem Welpen langsam und geduldig zu nähern. Auf diese Weise können sie ihm die Möglichkeit geben, sie zu beschnuppern und sich mit ihnen vertraut zu machen, bevor sie versuchen, mit ihm zu spielen.
- Helfen Sie den Kindern dabei, die richtigen Zeitpunkte für das Spielen mit dem Welpen zu erkennen. Kinder sollten verstehen, dass der Welpe auch Zeit zum Ausruhen und Schlafen braucht. Erklären Sie ihnen, dass sie den Welpen in Ruhe lassen sollten, wenn er sich zurückzieht, und dass sie Respekt vor seinem Schlaf haben sollten. Erklären Sie, dass der Welpe genau wie das Kind in Ruhe essen möchte und dabei nicht gestört werden sollte.
- Erklären Sie den Kindern, wie sie die Körpersprache des Welpen lesen können, um seine Stimmung und Bedürfnisse zu verstehen. Zeigen Sie ihnen, dass eingezogene Ohren, wedelnde Rute oder aufgestellte Haare unterschiedliche Bedeutungen haben und wie sie entsprechend reagieren können.
- Sorgen Sie dafür, dass die Kinder lernen, die Körpersprache des Welpen zu verstehen. Zeigen Sie ihnen, wie sie erkennen können, ob der Welpe gestresst, unwohl oder übermüdet ist. Das Verständnis der Signale des Welpen ist entscheidend, um angemessen zu reagieren und die Interaktion sicher zu gestalten.
- Nutzen Sie Situationen, in denen der Welpe Grenzen setzt oder sich zurückzieht, als Lernmomente für die Kinder. Erklären Sie geduldig, warum es wichtig ist, die Bedürfnisse des Welpen zu respektieren und wie sie sensibel darauf reagieren können. Kinder sollen ein Gefühl dafür entwickeln, wie sie Einfühlungsvermögen und Respekt zeigen können.
- Beteiligen Sie sich als Familie an gemeinsamen Aktivitäten mit dem Welpen, um eine positive Bindung zwischen Kindern und Hund aufzubauen. Unterstützen Sie die Kinder dabei, den Welpen zu füttern, ihn zu bürsten oder einfache Gehorsamsübungen mit ihm zu üben. Dadurch können Kinder Verantwortung übernehmen und sich als Teil des Rudels fühlen.
- Als Eltern sind Sie das Vorbild für Ihre Kinder im Umgang mit dem Welpen. Zeigen Sie ihnen, wie man richtig mit dem Welpen umgeht. Kinder lernen viel durch Beobachtung und Nachahmung, daher ist es wichtig, dass Sie ein positives Beispiel für sie sind.

Durch die Vermittlung von Sanftmut, Respekt und Empathie gegenüber dem Welpen lernen Kinder nicht nur den richtigen Umgang mit Tieren, sondern bauen auch eine vertrauensvolle Beziehung zum neuen Familienmitglied auf. Dies legt einen soliden Grundstein für eine positive und harmonische Zukunft zwischen Kind und Hund und wirkt sich ganz nebenbei noch positiv auf das Sozialverhalten Ihres Kindes aus. Durch gemeinsames Training lernen Kinder nicht nur Verantwortung und Disziplin, sondern helfen auch dem Welpen, Gehorsam und soziale Fähigkeiten zu entwickeln.

Hier noch ein paar Tipps zum Training des Welpen mit Kindern:

- Beginnen Sie mit einfachen Befehlen wie „Sitz", „Platz" oder „Bleib", die auch für Kinder leicht zu verstehen und umzusetzen sind.
- Betonen Sie die Bedeutung von positiver Verstärkung im Training des Welpen. Ermutigen Sie die Kinder, den Welpen mit Lob, Streicheleinheiten oder Leckerlis zu belohnen, wenn er einen Befehl erfolgreich ausführt. Dies stärkt nicht nur die Bindung, sondern motiviert den Welpen auch, weiter zu lernen.
- Machen Sie den Kindern klar, wie wichtig es ist, konsistent und geduldig im Training zu sein. Ermutigen Sie sie, regelmäßig mit dem Welpen zu üben, um eine Routine zu etablieren und den Lernerfolg zu maximieren. Kinder sollten verstehen, dass Training Zeit, Geduld und Wiederholung erfordert.
- Integrieren Sie das Training in spielerische Aktivitäten, um den Lernprozess für Kinder und Welpen unterhaltsam zu gestalten. Verwenden Sie Spielzeug oder kleine Hindernisse, um das Training aufzulockern und die Motivation zu erhöhen.
- Gemeinsame Spaziergänge und Abenteuer im Freien sind eine großartige Möglichkeit, um Zeit miteinander zu verbringen und den Welpen zu fördern. Lassen Sie die Kinder dabei den Welpen an der Leine führen und neue Umgebungen erkunden. Spaziergänge stärken nicht nur die Bindung, sondern fördern auch die körperliche und geistige Entwicklung des Welpen.
- Feiern Sie gemeinsam als Familie die Erfolge im Training des Welpen. Ermutigen Sie die Kinder, stolz auf ihre Beiträge zum Trainingserfolg zu sein und den Welpen als Teil des Teams zu sehen. Loben Sie die Anstrengungen der Kinder und zeigen Sie ihnen, wie wichtig ihre Unterstützung für den Welpen ist. So fühlen sich die Kinder dazugehörig und nicht ausgeschlossen, da ein Welpe viel Aufmerksamkeit benötigt. So kommt keine Eifersucht auf.

Leah Joleen tritt schon ganz in die Fußstapfen von Mama.

Diese beiden haben ihren gemeinsamen Weg gefunden. ▶

Rassetypische Probleme

Der Australian Shepherd und der Miniature American Shepherd sind faszinierende Hunderassen mit vielen bewundernswerten Eigenschaften, aber wie bei jeder Rasse können auch bei ihnen bestimmte typische Probleme auftreten.
Aufgrund ihrer Herkunft als Hütehunde haben Aussie und MAS oft einen starken angeborenen Trieb, Kinder, andere Haustiere oder sogar Fahrradfahrer und andere bewegliche Objekte oder Personen zu hüten.
Territoriales Verhalten ist ein weiteres mögliches Problem, da die Hunde oft dazu neigen, ihr Zuhause oder ihre Familie zu schützen. Dies kann zu übermäßigem Bellen, Knurren oder sogar Aggression gegenüber Fremden führen. Eine frühzeitige Sozialisierung und ein konsequentes Training sind entscheidend, um dieses Verhalten zu minimieren und dem Hund beizubringen, welche Reaktionen angemessen sind.
Auffällig ist auch oft die mangelnde Frustrationstoleranz. Langeweile und Unterforderung können zu unerwünschtem Verhalten wie Zerstörung von Gegenständen, übermäßigem Bellen oder Unruhe führen.
Durch ein einfühlsames Training, ausreichende geistige und körperliche Beschäftigung sowie konsequente Führung können aber viele der typischen Probleme bewältigt werden.

Impulskontrolle

Impulskontrolle ist ein wichtiges Thema bei Hütehunden. Daher ist es auch ein entscheidendes Element im Training eines Australian Shepherds und eines MAS, da diese Hunde oft über eine hohe Energie und einen ausgeprägten Arbeitstrieb verfügen. Indem man ihnen beibringt, ihre Impulse zu kontrollieren, können sie lernen, in verschiedenen Situationen ruhig und fokussiert zu bleiben.

Ein Australian Shepherd oder ein MAS mit einer fehlenden Impulskontrolle kann verschiedene Verhaltensweisen zeigen, die auf dieses Defizit hindeuten. Dazu gehören:

- Übermäßige Aufgeregtheit: Ein Hund mit fehlender Impulskontrolle kann dazu neigen, sich übermäßig aufzuregen, besonders in Situationen, die eine gewisse Ruhe erfordern, wie etwa beim Warten auf ein Kommando.
- Schwierigkeiten bei der Konzentration: Der Hund kann dazu neigen, sich leicht ablenken zu lassen und Schwierigkeiten haben, sich auf eine gegebene Aufgabe oder bestimmte Anweisungen zu konzentrieren.
- Unkontrollierbares Verhalten: In Situationen, in denen es wichtig ist, dass der Hund ruhig bleibt, kann er mit unzureichender Impulskontrolle dazu neigen, impulsiv zu handeln und sich möglicherweise schwer beruhigen lassen.
- Schwierigkeiten beim Training: Ein Hund mit mangelnder Impulskontrolle kann Schwierigkeiten haben, verschiedene Lektionen oder Trainingsaufgaben zu erfüllen, ohne sich ablenken zu lassen oder unerwünschtes Verhalten zu zeigen.

Diese Anzeichen weisen darauf hin, dass die Entwicklung der Impulskontrolle bei dem Hund verbessert werden muss, um eine Regulation seines Verhaltens und eine Steigerung seiner Fähigkeiten zu erreichen.

Der Hund muss auch lernen zu warten.

Ruhe!
Um diese Probleme zu vermeiden, ist eines der wichtigsten Dinge, die ein Aussie oder MAS im ersten Lebensjahr lernen muss: Ruhe!

Durch ein gezieltes Training der Impulskontrolle lernt der Hund, auf Kommandos zu warten, statt impulsiv zu handeln. Dies ist besonders wichtig, da Aussies und ihren kleinen Vettern dazu neigen, schnell auf Reize zu reagieren, sei es durch Bewegung, Geräusche oder andere Ablenkungen.

Darüber hinaus ermöglicht die Impulskontrolle dem Hund, sich besser auf bestimmte Aufgaben zu konzentrieren, sei es beim Hüten von Vieh, beim Gehorsamkeitstraining oder in Alltagssituationen. Ein gut trainierter Hund, der seine Impulse kontrollieren kann, ist in der Lage, sich ruhig zu verhalten und konzentriert zu arbeiten, auch in Umgebungen mit reichlich Ablenkungen.

Daher ist das Training der Impulskontrolle von großer Bedeutung, um eine harmonische Beziehung aufzubauen und sicherzustellen, dass der Hund in verschiedenen Situationen gut zu führen ist.

Beim Training der Impulskontrolle sollten wir verschiedene Techniken einsetzen, um dem Hund beizubringen, seine Impulse zu beherrschen und ruhiges Verhalten zu zeigen.

- **Grundgehorsam:** Das Training von Grundgehorsam wie „Sitz", „Platz" und „Bleib" sind essenzielle Bausteine für die Impulskontrolle. Der Hund sollte lernen, auf diese Befehle zu reagieren und sie auch unter Ablenkung auszuführen.

- **Belohnung bei Ruhe:** Der Hund sollte lernen, dass ruhiges Verhalten belohnt wird. Besonders in Situationen, in denen er normalerweise aufgeregt oder impulsiv reagiert, sollte ruhiges Verhalten positiv verstärkt werden.
- **Ablenkungstraining:** Während des Trainings werden schrittweise Ablenkungen eingeführt, um dem Aussie beizubringen, sich auf seinen Besitzer zu konzentrieren, auch wenn andere Reize präsent sind.
- **Geduldiges Training:** Um erfolgreich zu sein, erfordert das Training der Impulskontrolle Geduld. Der Hund lernt nicht über Nacht, seine Impulse zu beherrschen. Konsequentes und wiederholtes Training ist notwendig.
- **Entspannungstraining:** Dem Hund beizubringen, sich zu entspannen und Stress abzubauen, kann ihm helfen, besser mit seinen Impulsen umzugehen.

Beispiele für das Training

Die Sache mit dem Füttern

Viele kennen es: Es gibt endlich Futter und der Hund springt wie ein Känguru auf und ab. Steht der Napf endlich auf dem Boden, stürzt sich der Hund direkt auf sein Futter. Ruhig sieht anders aus, oder? Setzen Sie sich als Ziel, dass Ihr Hund ruhig vor Ihnen sitzen bleibt, bis Sie die Erlaubnis geben zu fressen. Sie benötigen dafür lediglich den Napf und das Futter Ihres Hundes.

- Nehmen Sie den gefüllten Napf in die Hand und bewegen diesen Richtung Boden. Sollte Ihr Hund ungeduldig sein, hüpfen, bellen oder an Ihnen hochspringen, nehmen Sie den Napf sofort wieder hoch und fangen von vorne an. Dies kann einige Anläufe benötigen. Setzen Sie den Napf erst ab, wenn Ihr Hund ruhig bleibt. Erst dann können Sie Ihrem Hund den Napf hinstellen und das Futter fressen lassen. Üben Sie mit möglichst kleinen Portionen, damit Ihr Hund beim ersten Erfolg nicht seine ganze Tagesration bekommt und Sie die Übung wiederholen können.

Übungen zur Impulskontrolle lassen sich schon beim jungen Hund in den Alltag mit einbauen.

- Hat Ihr Hund begriffen, dass er ruhig bleiben muss, gehen Sie einen Schritt weiter. Warten Sie 2 bis 3 Sekunden, bis Sie den Napf, der sich am Boden befindet, loslassen. Bleibt Ihr Hund ruhig, geben Sie ihm ein Kommando wie „Okay“ oder „Nimms“, was ihm signalisiert, dass er nun fressen darf. Wiederholen Sie diese Übung ein paarmal und lassen Sie diesmal zuerst den Napf los und sagen dann erst das Auflösekommando.
- Nun können Sie das Kommando „Sitz“ mit einbauen. Erst wenn der Hund sitzt, bewegen Sie den Napf auf den Boden.

Hat der Hund dies begriffen, können Sie das ganze Ausbauen und die Zeit etwas hinauszögern. Nun sollte der Hund schnell begreifen, dass er erst sitzen und warten muss, bis Sie ihm signalisieren, dass er fressen darf.

Terror an der Haustür

Es klingelt und Ihr Hund stürmt zur Tür. Kennen Sie das? Das ist ziemlich nervig, aber mit etwas Zeit und Geduld kann man auch das in den Griff bekommen.
Sie benötigen dafür eine Person, die Sie dabei unterstützt, und eine Klingel, die den Ton ändern kann. Wenn Sie diese Übung mit einem Welpen aufbauen wollen, ist ein anderer Klingelton nicht notwendig.

- Wenn Ihr Hund sich bereits das Bellen nach dem Klingeln angewöhnt hat, ändern Sie den Klingelton Ihrer Klingel. Ist dies bei Ihrer nicht möglich, könnten Sie sich für diesen Zweck eine günstige kabellose Klingel besorgen, die man ganz schnell anbringen kann, ohne Kabel verlegen zu müssen.
- Nun lassen Sie Ihre Hilfsperson klingeln. Sie führen dann Ihren Hund in seinen Korb oder auf seine Decke und lassen ihn sich ablegen. Lassen Sie ihn erst aufstehen, wenn Sie ihm dies durch ein Auflösewort signalisieren.
- Nun nehmen Sie eine Menge besonders guter Leckerlis, die Ihr Hund sonst nicht bekommt, und gehen Sie in die Nähe des Korbes oder der Decke. Sobald die Klingel ertönt, ist dies der Jackpot für Ihren Hund und Sie füttern ihm die Leckerchen in seinem Korb. Wiederholen Sie dies in gewissen Zeitabständen von etwa drei bis fünf Minuten und wiederholen es einige Male. Nun sollte Ihr Hund beim Ertönen der Klingel schon von allein in seinen Korb laufen, da er dort den Jackpot erwartet.
- Nun können Sie den Abstand vergrößern und später Ihren Alltag ganz normal fortführen. Ihr Hund wird die Klingel immer mit dem Jackpot in Verbindung bringen und beim Ertönen der Klingel in seinen Korb oder auf seine Decke laufen, aber nicht bellen.

Dies sind nur zwei Beispiele von vielen. Wichtig ist, dass sich alles, was Sie trainieren, für den Hund lohnt und Sie das Ganze mit Ruhe angehen. Sollten Sie überfordert sein, suchen Sie sich einen Trainer vor Ort und fragen Sie, ob dieser sich mit den Eigenschaften von Hütehunden auskennt. Hütehunde arbeiten völlig anders als Vertreter anderer Rassegruppen und sind dementsprechend auch anders und individuell zu trainieren.

Aggression

Australian Shepherd und Miniature American Shepherd sind bekannt für ihre Intelligenz, Arbeitsfreude und Schutzinstinkte. Diese Qualitäten können sich in unterschiedlichen Situationen und genetisch bedingten Verhaltensweisen, wie einer gewissen Form von Schutz- und Wachsamkeitsaggression, manifestieren. Es ist wichtig anzumerken, dass „Aggression" hier keine negative Konnotation hat, sondern sich auf eine natürliche Neigung bezieht, Familie und Territorium zu schützen. In Bezug auf Aggression ist es wichtig zu verstehen, dass ein gewisses Maß an Wachsamkeit und Schutzverhalten ein Bestandteil des Rassestandards ist. Dieser angeborene Instinkt zeigt sich oft in Form von Misstrauen gegenüber Unbekanntem und einer starken Bindung zu seiner Familie. Die Aggressionen äußern sich eher in Form von Herrschafts-, Schutz- oder Wachverhalten und weniger in aggressiven oder feindseligen Angriffen.
Dennoch ist es von entscheidender Bedeutung, dieses Verhalten frühzeitig zu erkennen und angemessen zu kontrollieren, da ein exzessives oder unkontrolliertes Ver-

halten, das sich in negativen Aggressionen äußert, nicht dem Charakter der Shepherds entspricht und potenziell problematisch werden kann.
Mit einer konsequenten und liebevollen Erziehung sowie einer ordnungsgemäßen Sozialisierung können Halter die natürlichen Schutzinstinkte ihres Hundes lenken und regulieren, um ein ausgewogenes Verhalten zu gewährleisten, das dem Rassestandard entspricht.
Wenn man versteht, dass der Hund eine klare Führung benötigt und dies auch im Alltag liebevoll umsetzt, wird man mit Aggressionen keine Probleme haben. Man darf dabei aber nie vergessen, dass es Typen beim Aussie oder MAS gibt, die fremde Menschen oder auch andere Hunde einfach nicht um sich haben wollen. Dies sollte man respektieren, denn das ist einfach genetisch verankert; es sollte aber niemals Ausrede für eine fehlende oder falsche Erziehung sein. Es ist wichtig zu verstehen, dass negative Verhaltensweisen bei Hunden oft durch mangelnde Ausbildung und Sozialisierung oder unzureichende Bewegung verursacht werden können, anstatt ausschließlich durch genetische Faktoren. Durch konsequente Erziehung sowie ausreichend Bewegung und geistige Stimulation können viele dieser negativen Eigenschaften beim Australian Shepherd kontrolliert und minimiert werden.

Beim Toben mit Artgenossen sieht es oft gefährlicher aus, als es ist.

Hüteverhalten

Aufgrund ihrer ursprünglichen Verwendung als Hütehunde haben Australian Shepherds einen mal mehr, mal weniger ausgeprägten Hütetrieb; das gilt natürlich auch für den MAS. Dies kann dazu führen, dass sie dazu neigen, Kinder oder andere Haustiere zu hüten, indem sie versuchen, sie zusammenzuhalten. Manchmal kommt es auch dazu, dass sie Autos, Fahrräder und einfach alles, was sich bewegt, hüten wollen. Natürlich ist dieses Verhalten nicht gewünscht. Daher ist es hier wichtig, das genetisch verankerte Verhalten in die richtige Bahn zu lenken, was bedeutet konsequente, aber liebevolle Erziehung, Grundgehorsam und auch hier Impulskontrolle.
Hat sich dieses Verhalten beim Hund aber schon manifestiert, wäre es wichtig, sich einen kompetenten Trainer zu suchen, der sich vor allem mit den Eigenschaften eines Hütehundes auskennt.

Pflege und Grooming

Der Australian Shepherd und sein kleiner Vetter sind, obwohl sie nicht zu den Kurzhaar-Rassen gehören, eher pflegeleichte Hunde. Dennoch sollte man einiges in der Pflege beachten, damit man einen schönen und zufriedenen Hund hat.

Beide Rassen haben ein dichtes und mittellanges Doppelfell. Das Deckhaar ist von mittlerer Länge, gerade oder leicht wellig und von einer wetterresistenten Struktur. Unter diesem Deckhaar befindet sich eine weiche und dichte Unterwolle, die als Isolator dient und den Hund vor Wind und Wetter schützt. Dieser Aufbau des Fells ist eine Anpassung an das Leben als Arbeits- und Hütehund in verschiedenen Umgebungen.

Es ist wichtig, diese Hunde nicht zu scheren, weil das Fell eine wichtige Funktion hat. Das doppelte Fell hilft, den Hund im Sommer kühl und im Winter warm zu halten und schützt die Haut vor Sonnenbrand und Insektenstichen. Durch regelmäßiges Bürsten kann verhindert werden, dass sich das Fell verfilzt und der Hund sich unwohl fühlt.

Durch das Scheren des Fells verliert der Hund diese natürlichen Schutzmechanismen, was zu gesundheitlichen Problemen führen kann. Daher ist es ratsam, das Fell regelmäßig zu pflegen und zu bürsten, anstatt es zu scheren. Es gibt allerdings Ausnahmen, wo man um das Scheren nicht herumkommt; dies können gesundheitliche Gründe sein oder aufgrund von enormen Verfilzungen kann dies leider auch manchmal nötig sein.

Das dichte Fell schützt vor Kälte und Nässe.

Das Baden ist im Normalfall nicht notwendig. Nur bei extremen Verschmutzungen und wenn die natürliche Selbstreinigung des Fells nicht ausreicht, muss der Hund auch mal gebadet werden, aber dann nur mit einem milden Hundeshampoo.

Fellpflege

Am Körper

Das Fell sollte regelmäßig gebürstet, aber vor allem gekämmt werden. An der Brust und den „Hosen“ (Hinterläufen) sollte es Strähne für Strähne gekämmt werden, denn so kommt man auch in die dichte Unterwolle. Arbeitet man nur mit einer Bürste, wird nur das Deckhaar, aber nicht die Unterwolle erreicht, wodurch das Fell schnell verfilzen kann.

Man sollte mit einer Zupfbürste und einem Metallkamm arbeiten, auf sogenannte Unterwollbürsten sollte man verzichten, da diese oft das Deckhaar abschneiden und die Fellstruktur schädigen.

An den Ohren

Auf und an bzw. unter den Ohren haben die Hunde oft längeres Fell; dieses verfilzt sehr schnell, wenn es nicht regelmäßig gepflegt wird. Für ein gepflegtes Äußeres empfiehlt es sich, das Fell an den Ohren zu kürzen; dabei arbeitet man mit einer Effilierschere und einer normalen Schere für die Details. Hat man damit keine Erfahrung, empfiehlt es, sich das Ganze einmal von einem Hundefriseur zeigen zu lassen oder ein Grooming-Seminar zu besuchen. Letzteres wird oft von erfahrenen Australian Shepherd-Züchtern angeboten.

Das Schneiden hat übrigens nichts damit zu tun, dass ein Hund für Ausstellungen „gestylt“ wird, sondern gehört zur normalen Pflege einfach dazu. Ansonsten ist ein Blick in die Ohren natürlich immer ratsam, denn diese sollten frei von Schmutz und Milben sein.

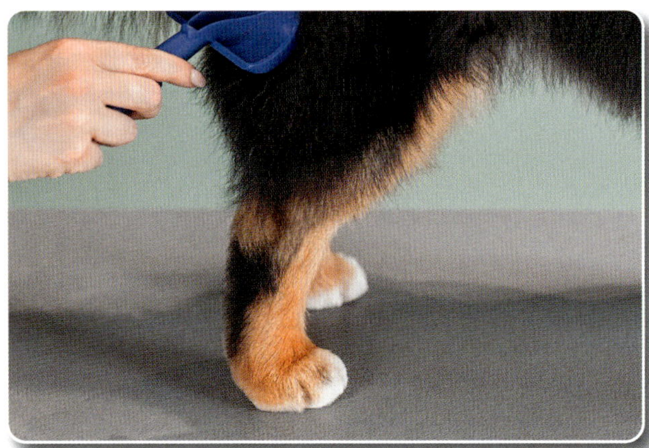

Am Körper sollte regelmäßig gekämmt und gebürstet werden.

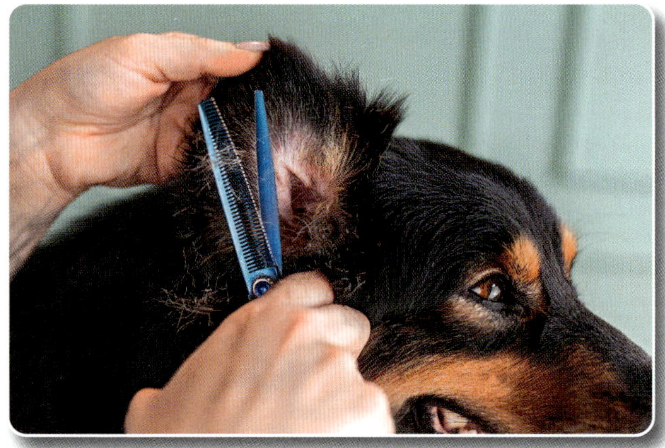

Das Fell an den Ohren sollte regelmäßig gekürzt werden, um einem Verfilzen vorzubeugen.

An den Pfoten

Genau wie das Fell an den Ohren sollte auch das Fell an den Pfoten gekürzt werden. Es sieht einfach gepflegter aus und erleichtert im Herbst und Winter die Pflege und ist wesentlich angenehmer für den Hund. Das Fell unter den Pfoten sollte immer schön kurz gehalten werden, denn es verändert nicht nur das Gangbild des Hundes, sondern es kann im Winter unangenehm sein, wenn sich Schneeklumpen im Fell sammeln.

Für das Grooming gibt es spezielle abgerundete Scheren; man kann aber auch mit einer Schermaschine arbeiten, sofern der Hund das kennt und duldet.
Es empfiehlt sich, bereits im Welpenalter das Anfassen an allen Körperstellen zu trainieren, dies ist nicht nur für die spätere Pflege sinnvoll, sondern kann auch beim Tierarzt von Nutzen sein.

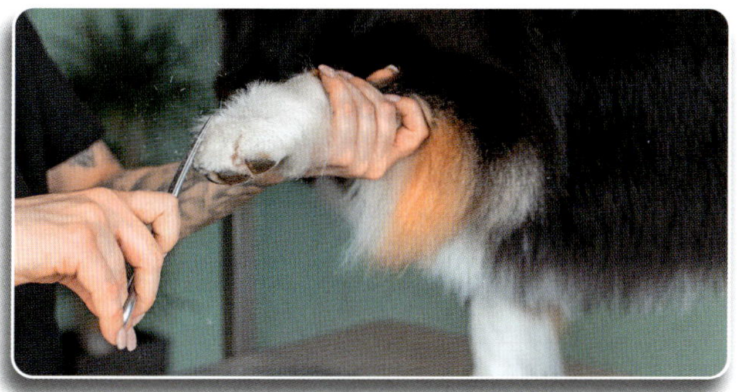

Man kann das Fell an der Pfote mit einer Schere ...

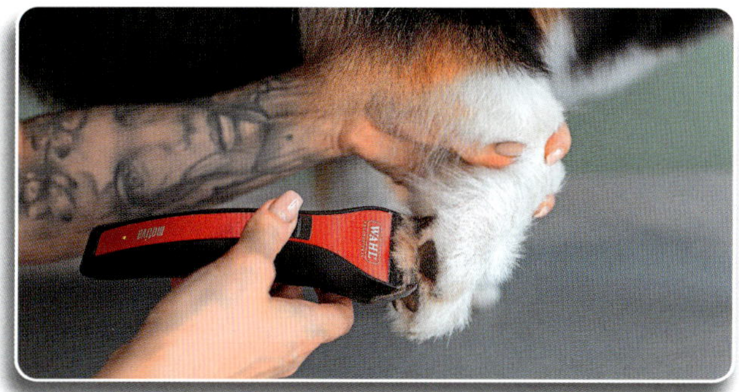

... oder mit einer Schermaschine kürzen.

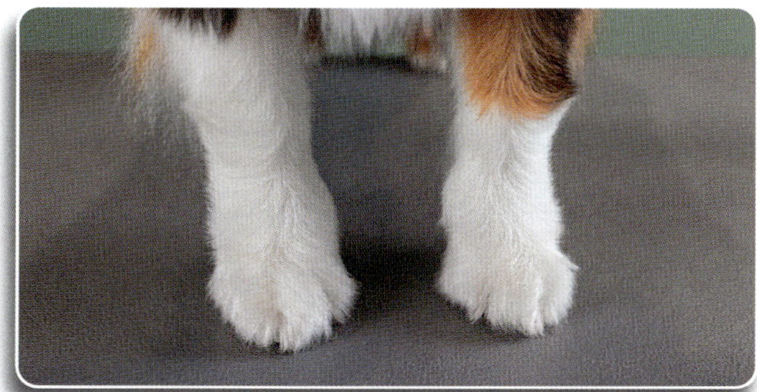

Die Pfoten von oben betrachtet vor ...

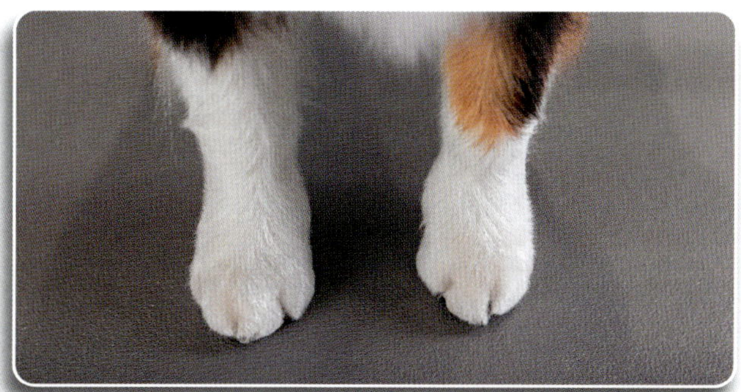

... und nach dem Grooming.

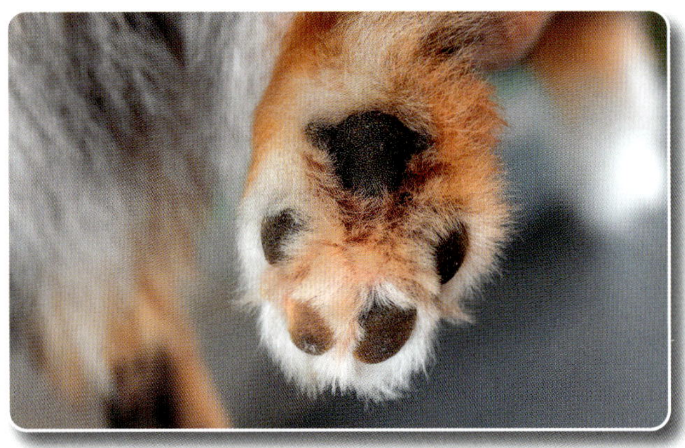

Eine Pfote von unten betrachtet vor dem Grooming.

Das ist eine perfekt gegroomte Pfote von unten betrachtet.

An den Beinen

An den Beinen kann man das Fell auch etwas einkürzen, aber bitte nur, um es gepflegter wirken zu lassen und ihm eine Kontur zu verleihen, und nicht komplett scheren, wie man es leider oft sieht. Geschorenes Fell wächst unschön nach, es tendiert dann generell dazu zu verfilzen und wirkt matt.

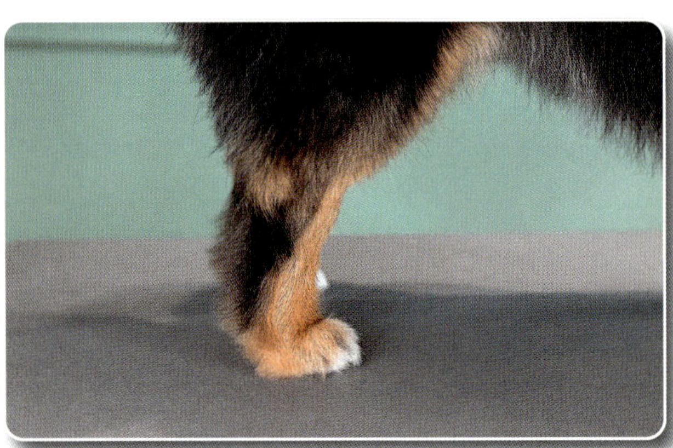

Das Bein vor dem Grooming

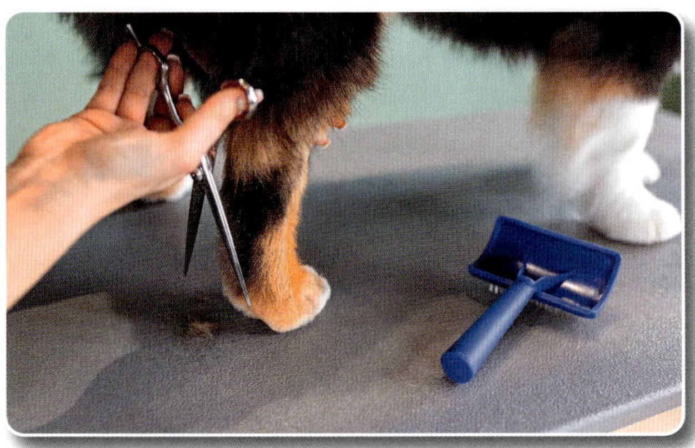

Das Fell am Bein sollte nur mit einer Schere in Form gebracht werden.

Krallen

In manchen Fällen nutzen Hunde ihre Krallen nicht auf natürliche Weise ab. Dies kann verschiedene Ursachen haben, sei es genetische Veranlagung, wodurch die Krallen schneller wachsen, oder die Tatsache, dass der Hund häufig weichen Untergrund bevorzugt, was das Abnutzen der Krallen erschwert. Idealerweise sollten die Krallen den Boden nicht berühren, um die richtige Länge zu gewährleisten. Falls das Schneiden der Krallen selbst nicht in Betracht kommt, kann ein Hundefriseur oder Tierarzt diese Aufgabe übernehmen. Es ist ratsam, von Beginn an das Berühren der Pfoten zu üben, um dem Hund und auch sich selbst in dieser Hinsicht viel Stress zu ersparen.

Wolfskrallen

Wolfskrallen, auch Afterkrallen genannt, sind bei vielen Hunderassen, einschließlich Miniature American Shepherd und Australian Shepherd vorhanden, obwohl sie nicht immer sichtbar sind. Diese zusätzlichen Krallen werden oft kurz nach der Geburt – unerlaubterweise, da es laut Tierschutzgesetz verboten ist – aus rein ästhetischen Gründen von Züchtern entfernt. Normalerweise stellen Wolfskrallen jedoch kein bedeutendes Risiko dar. Sollte Ihr Hund dennoch dazu neigen, sich an ihnen zu verletzen, ist es ratsam, mit Ihrem Tierarzt über die Möglichkeit der Entfernung zu sprechen. Es gibt mittlerweile Tests, die aufzeigen können, ob Ihr Hund Träger von Wolfskrallen ist.

Diese rudimentären Krallen, die sich normalerweise höher an der Innenseite der Hinterbeine befinden, zeigen eine evolutionäre Erinnerung an Vorfahren, die diese Krallen vermutlich benötigten. Wolfskrallen können möglicherweise dazu beitragen, das Gleichgewicht und die Griffigkeit auf unebenem Gelände zu verbessern. Einige Hundebesitzer und Experten glauben, dass die Wolfskrallen sowohl für die Struktur der Pfote als auch für die Gesundheit des Hundes von Vorteil sein könnten, wenn sie nicht störend sind.

Es ist daher wichtig, die Rolle der Wolfskrallen zu verstehen und gegebenenfalls mit einem Tierarzt zu entscheiden, ob eine Entfernung notwendig ist.

Hier erkennt man gut die Wolfskrallen.

Zähne

Ein Hund hat in der Regel 42 Zähne, darunter 20 im Oberkiefer und 22 im Unterkiefer. Diese Zähne bestehen aus Schneidezähnen, Eckzähnen, Prämolaren und Molaren, die dazu dienen, Nahrung zu erfassen, zu halten und zu zerkleinern. Es ist wichtig, regelmäßig auf die Mundgesundheit zu achten und bei Bedarf eine professionelle Zahnreinigung vom Tierarzt durchführen zu lassen. Man kann auch selbst mit speziellen Fingerlingen regelmäßig die Zähne reinigen, um das Entstehen von Zahnstein zu verhindern oder zumindest zu verzögern.
Es werden im Internet und Zoofachgeschäft oft Dinge zur Beschäftigung und zum Knabbern angeboten wie z. B. Kaffeeholz. Darauf sollte man aber verzichten, da das Holz zu hart ist und dazu führen kann, dass die Zähne abbrechen. Auch einige Knochenarten wie z. B. Markknochen können zu Verletzungen führen oder in den Zähnen verkanten, dass sie manchmal sogar nur vom Tierarzt entfernt werden können. Ansonsten kann man seinen Hund mit rohen (nicht gekochten, da sie sonst zu sehr splittern) Knochen etwas Gutes tun; dies beschäftigt den Hund und ist gut für die Zähne. Allerdings sollte dies nur unter Aufsicht geschehen und sobald der Knochen so klein ist, dass er verschluckt werden könnte, sollte man den Rest im Abfall entsorgen, um ein Verschlucken zu verhindern.

Augen

Die Pflege der Augen eines Hundes ist wichtig, um mögliche Infektionen oder Reizungen zu vermeiden. Achten Sie regelmäßig auf Anzeichen von Rötungen, Tränenfluss, Schwellungen oder anderen Auffälligkeiten in den Augen Ihres Hundes. Sollten Sie Unregelmäßigkeiten feststellen, wenden Sie sich an Ihren Tierarzt.
Verwenden Sie ein fusselfreies Tuch oder spezielle Augenreinigungstücher, um vorsichtig Schmutz oder Tränenflecken aus dem Augenbereich zu entfernen. Achten Sie darauf, dass Sie das Tuch nur für jedes Auge einmal verwenden, um eine mögliche Ausbreitung von Infektionen zu vermeiden.

◄ Die Augen sollten auch immer von Schmutz befreit sein, um Infektionen vorzubeugen.

Ein regelmäßiger Check beim Tierarzt kann helfen, potenzielle Augenprobleme frühzeitig zu erkennen und zu behandeln. Es ist wichtig, bei der Pflege der Augen vorsichtig vorzugehen, insbesondere um das Auge herum, und im Falle von anhaltenden Problemen oder Unsicherheiten professionellen Rat einzuholen.

Nützliche Utensilien für die Pflege

- Bürsten und Kämme: Ein Kamm mit breiten Zähnen und eine Bürste mit weichen Borsten, um das Deckhaar zu pflegen und Verfilzungen zu vermeiden.
- Entfilzungswerkzeuge: Werkzeuge wie Unterwollbürsten oder Entfilzungskämme, um die Unterwolle zu pflegen und zu entwirren; dabei unbedingt darauf achten, dass sie das Deckhaar nicht beschädigen.
- Hundeshampoo: Ein mildes, auf Hunde abgestimmtes Shampoo für das Baden, falls notwendig.
- Handtücher: Zur Trocknung des Fells nach dem Baden oder nach Spaziergängen im Regen; es gibt auch spezielle Bademäntel, die sehr empfehlenswert sind.
- Pfotenpflege: Spezielles Pfotenbalsam oder Pfotenwachs, um die Pfoten vor rissiger Haut und Trockenheit zu schützen. Dies ist im Winter sehr sinnvoll, wenn die Hunde durch Streusalz laufen.
- Ohren- und Augenpflegeprodukte: Sanfte Reinigungslösungen, um die Ohren und Augen des Hundes sauber zu halten.
- Krallenknipser: Ein Krallenknipser, um die Krallen bei Bedarf zu kürzen.
- Zahnreinigungsutensilien: Eine geeignete Zahnbürste und Zahnpasta für Hunde und ein Fingerling, um die Zahnhygiene zu unterstützen, kann bei Hunden mit Zahnproblemen sinnvoll sein. Ein gesunder Hund benötigt das in der Regel nicht.

Eine Auswahl an geeigneten Werkzeugen für das Grooming

Ausstellungen

Bei dem Thema Ausstellungen scheiden sich die Geister. Dies ist wahrscheinlich ein Gebiet, welches man nur lieben oder hassen kann. Wer aber selbst mit seinem Hund züchten möchte, kommt nicht daran vorbei, mit ihm Ausstelllungen zu besuchen, da die Bewertung eine der Voraussetzungen für eine Zucht in einem Verein bzw. Verband sind.
Wo man im (M)ASCA nicht zwingend auf Shows muss, so muss man im VDH (CASD) vorher den Hund auf Ausstellungen vorstellen, um die Zuchtzulassung zu erlangen. Die einzige Ausnahme: Kupierte Hunde und ggf. Hunde mit zu kurzer Stummelrute dürfen keine Ausstellungen aufgrund der Tierschutzverordnung besuchen und können direkt zur Körung vorgestellt werden.

Hinweis!
Die im Folgenden aufgeführten Informationen über die Teilnahme an Hundeausstelllungen, die Klassen, die Bewertungen usw. gelten sowohl für den Australian Shepherd als auch für den Miniature American Shepherd.

Die Conformation Show des ASCA

Was der ASCA (Australian Shepherd Club of America) als „Conformation Show" bezeichnet, wird in anderen Verbänden/Vereinen wie z. B. im VDH „Zuchtschau" genannt. Bei dieser Veranstaltung bewerten die Richter die Hunde anhand des Rassestandards, in dem der ideale Australian Shepherd bzw. Miniature American Shepherd beschrieben wird. Alle vorgestellten Hunde werden an diesem Standard gemessen. Ein wesentlicher Unterschied zu anderen Verbänden/Vereinen besteht darin, dass bei den Conformation Shows keine schriftliche Bewertung der Hunde erfolgt. Nach Abschluss des Showtages haben Sie jedoch oft die Möglichkeit, die Richter zu kontaktieren, um zu erfahren, warum Ihr Hund wie platziert wurde oder nicht.
Das Conformation-Programm des Australian Shepherd Club of America setzt sich aus drei Teilen zusammen: den nichtregulären Klassen (non-regular Conformation) sowie den regulären Klassen, die wiederum in „Altered" (für kastrierte Tiere) und „Intact" (für unkastrierte Tiere) unterteilt sind. Der Hauptunterschied zwischen den nichtregulären und regulären Klassen besteht darin, dass die Gewinner der nichtregulären Klassen keine Punkte beim ASCA erhalten.

Nichtreguläre Klassen

Es obliegt dem gastgebenden Verein, ob und wie viele der nichtregulären Klassen er bei einer Show anbietet.

- **Rüden/Hündinnen: 2 bis 4 Monate; Rüden/Hündinnen: 4 bis 6 Monate**
  Das Alter am ersten Ausstellungstag bestimmt die zugehörige Altersklasse. Hunde im Alter von mindestens 2 Monaten, aber jünger als 4 Monate, nehmen in der

Klasse 2 bis 4 Monate teil. In der Klasse 4 bis 6 Monate starten Hunde, die am 1. Showtag mindestens 4 Monate alt sind, aber jünger als 6 Monate. Kastrierte Welpen sind zur Teilnahme berechtigt. Falls verfügbar, sollte der Meldung eine Kopie des Individual Dog Registration Application oder des Registration Certificates beigefügt werden. Der Start ist jedoch auch ohne diese Unterlagen möglich. Rüden und Hündinnen werden getrennt voneinander gerichtet, dies gilt für ziemlich alle weiteren Klassen.

Früh übt sich!

- **Best of Breed Puppy/Best of Opposite Puppy**
  Die Gewinner der oben genannten Klassen starten in dieser Klasse. Nach Bekanntgabe des „Best of Breed Puppy" (Bester Welpe) wird zwischen den Welpen des anderen Geschlechts das „Best of Opposite Sex Puppy" (Bester Welpe des anderen Geschlechts) ermittelt. Wenn also ein Rüde „Best of Breed Puppy" wird, wird eine Hündin „Best of Opposite Sex Puppy" und umgekehrt.

- **Zuchthündin/Zuchtrüde**
  Die Anmeldung erfolgt für die Zuchthündin oder den Zuchtrüden sowie für zwei bis vier Nachkommen. Alle Nachkommen und die Hündin bzw. der Rüde müssen am jeweiligen Ausstellungstag starten, wovon zwei der gemeldeten Nachkommen in einer regulären Klasse antreten. Die Zuchthündin oder der Zuchtrüde kann kastriert sein. Der Anmeldung sollte eine Kopie des ASCA-Registrierungszertifikats der Zuchthündin oder des Zuchtrüden beigefügt werden. Die Meldegebühr ist ausschließlich für die Zuchthündin oder den Zuchtrüden zu entrichten. Beachten Sie: Der beste Zuchtrüde und die beste Zuchthündin treten nicht gegeneinander an!

- **Veteranen Rüden/Hündinnen: 7 bis 10 Jahre; Veteranen Rüden/Hündinnen ab 10 Jahren**
  Der gemeldete Hund muss am ersten Showtag mindestens 7 Jahre bzw. mindestens 10 Jahre alt sein, kastrierte Hunde sind startberechtigt. Der Meldung ist eine Kopie des ASCA-Registrierungszertifikats beizufügen.

- **Best of Breed Veteran/Best of Opposite Sex Veteran**
  Der „Best of Breed Veteran", der den 1. Platz in den genannten Klassen belegt hat, wird unter den Hunden ermittelt, danach wird der „Best of Opposite Sex Veteran" zwischen den Hunden des anderen Geschlechts ausgewählt.

- **Brace (Paarklasse)**
  In der Kategorie „Brace" präsentiert ein Hundeführer gleichzeitig zwei Hunde, die beide bei der ASCA registriert sind. Die Hunde sollten sich sowohl in Farbe, Zeichnung als auch Typ stark ähneln. Das Hunde-Duo kann unterschiedlichen Geschlechts sein, kastriert oder nicht kastriert, und muss nicht miteinander verwandt sein. Es ist auch nicht erforderlich, dass die Hunde demselben Besitzer gehören. Es ist möglich, Teams zu bilden, die aus einem kupierten (bitte beachten Sie das Ausstellungsverbot ab dem 01.05.2002) und einem unkupierten Hund bestehen. Die Meldegebühr gilt für das gesamte Team. Kopien der ASCA-Registrierungszertifikats müssen vorgelegt werden.

Reguläre Klassen

Es gibt „Regular Altered" (kastrierte Hunde) und „Regular Intact" (nicht kastrierte Hunde). Das Mindestalter für teilnehmende Hunde beträgt 6 Monate. Sie müssen beim ASCA registriert sein. Bei der Anmeldung muss eine Kopie dieses Zertifikats beigefügt werden. Für die „Best of Breed"-Klasse muss zusätzlich eine Kopie der Bestätigung dieses Titels beigefügt werden (sofern der Titel nicht bereits im Registrierungszertifikat vermerkt ist). Die Klassen werden basierend auf dem Geschlecht der Hunde getrennt bewertet. Ein Hund kann an einem Showtag nur in einer regulären Klasse antreten. „Champions of Record" sind ausschließlich für den Wettbewerb um den „Best of Breed" qualifiziert und dürfen nicht in anderen regulären Klassen (unabhängig davon, ob sie kastriert sind oder nicht) starten. Die Teilnahme an einer oder mehreren nichtregulären Klassen steht ASCA-Champions offen.

- **6 bis 9 Monate, 9 bis 12 Monate, 12 bis18 Monate**
  Die passende Altersklasse für einen Hund wird durch sein Alter am ersten Showtag bestimmt. Die Klasse „6 bis 9 Monate" ist z. B. für Hunde gedacht, die mindestens 6 Monate alt, aber jünger als 9 Monate am ersten Showtag sind. Rüden und Hündinnen werden jeweils separat bewertet.

- **Novice**
  Hunde im Alter von 6 Monaten und älter sind berechtigt, an dieser Klasse teilzunehmen. Nicht startberechtigt sind Hunde, die bis zum Anmeldeschluss entweder dreimal den ersten Platz in der Novice-Klasse belegt haben, einmal den ersten Platz in einer der folgenden Klassen erreicht haben: 12 bis18 Monate, German Bred, Bred By Exhibitor, einer der „Open"-Klassen oder bereits den Titel Winners Dog oder Winners Bitch erlangt haben.

- **German Bred**
  Startberechtigt sind alle Hunde, die 6 Monate oder älter sind und in Deutschland geboren wurden.

- **Bred by Exhibitor**
  Alle Hunde, die älter als 6 Monate sind und sich ganz oder teilweise im Besitz des Züchters oder eines direkten Familienmitglieds befinden (einschließlich Ehemann, Ehefrau, Vater, Mutter, Sohn, Tochter, Bruder, Schwester, Schwiegervater, Schwiegermutter, Schwiegersohn, Schwiegertochter, Schwager oder Schwägerin), sind berechtigt, teilzunehmen. Der Züchter oder das Familienmitglied muss als Eigentümer oder Miteigentümer im ASCA-Registrierungszertifikat aufgeführt sein. In der Klasse „Bred By Exhibitor" muss der Hund entweder vom Züchter selbst oder von einem direkten Familienmitglied präsentiert werden.

- **Open Blue merle, Open Red merle, Open Red, Open Black**
  An der Teilnahme berechtigt sind Hunde, die am ersten Showtag 6 Monate oder älter sind und farblich in eine der genannten Klassen passen. Die Richter bewerten die Hunde in den vier Farbvarianten jeweils separat, wobei es einen Sieger pro Farbe gibt.

- **Winners**
  Die Hunde, die in den genannten zehn Klassen den ersten Platz belegt haben, treten in den Winners-Klassen an, entweder in Winners Dog oder Winners Bitch. Nach der Benennung des Winners Dog oder der Winners Bitch rückt der Hund, der in der regulären Klasse den zweiten Platz nach dem Winners Dog oder der Winners Bitch belegt hat, ins Startfeld vor. Auf diese Weise werden dann der „Reserve Winners Dog" bzw. die „Reserve Winners Bitch" ermittelt.

- **Best of Breed**
  An der Startlinie dieser Klasse stehen alle gemeldeten „ASCA-Champions of Record", der Winners Dog und die Winners Bitch. Unter allen teilnehmenden Hunden wird anschließend der beste Vertreter der Rasse ermittelt („Best of Breed"), gefolgt vom besten Hund des anderen Geschlechts für „Best of Opposite Sex" und schließlich wird der „Best of Winners" ausgewählt.

Die Punkte auf dem Weg zum ASCA-Champion

Ein Australian Shepherd benötigt grundsätzlich 15 Punkte, um entweder den Titel „ASCA CH" (für nicht kastrierte Aussies) oder „ASCA A-CH" (für kastrierte Aussies) zu erhalten. Die Punkte werden an den Altered Winners Dog, die Altered Winners Bitch, den Intact Winners Dog und die Intact Winners Bitch vergeben.

Die Anzahl der Punkte, die Hunde für ihre Siege erhalten, hängt davon ab, in welchem „Schedule" der ASCA den ausrichtenden Verein für das laufende Showjahr (vom 1. Juni bis 31. Mai) eingestuft hat. Diese Einstufung basiert auf der Anzahl der Shows, die der Verein in diesem Zeitraum veranstaltet hat, und der Anzahl der dort gemeldeten Hunde.

Um den Titel ASCA-Champion zu erhalten, müssen 9 oder mehr der erforderlichen 15 Punkte auf mindestens drei Shows gewonnen werden, bei denen für Winners Dog und Winners Bitch mindestens 3 Punkte (sogenannte „majors") vergeben wurden. Diese „majors" müssen von drei unterschiedlichen Richtern verliehen worden sein.

Nach Abschluss der Show sendet der ausrichtende Verein die Ergebnisse und einen Bericht an den ASCA. In diesem Bericht werden die Winners-Hunde, ihre Punkte, die Gewinner von Best of Breed, Best of Opposite Sex und Best of Winners namentlich aufgeführt. Zudem wird die Gesamtanzahl der Teilnehmer nach Rüden und Hündinnen separat angegeben. Dieser Bericht bildet die Grundlage für die Ranglisten und Statistiken. Sobald ein Hund alle Voraussetzungen für den Championtitel erfüllt hat, stellt der ASCA die Championurkunden aus und sendet sie an den registrierten Besitzer.

Die Ranglisten des ASCA

Ein Punkt wird dem Hund verliehen, der den Titel Best of Breed gewinnt (1 Punkt für jeden geschlagenen Hund), ebenso erhält der Hund, der das Best of Opposite Sex gewinnt, 1 Punkt für jeden geschlagenen Hund des eigenen Geschlechts. Sollte der Gewinner des Best of Opposite Sex auch Best of Winners werden, erhält er zusätzlich 1 Punkt für jeden geschlagenen Hund des anderen Geschlechts. Am Ende des Showjahres werden die erfolgreichsten 30 Hunde aus beiden Conformation Programmen (Altered und Intact) ermittelt. Die Ranglisten werden in der Aussie

Times und auf der Internetseite des ASCA veröffentlicht. Ein bestimmter Prozentsatz dieser Hunde wird zur nationalen Aussies (Nationals) eingeladen.

ASCA-Titel

Nachfolgende sind einige der wichtigsten Titel, die in ASCA anerkannten Prüfungen und Shows erworben werden können, aufgeführt. Champion-Titel stehen immer vor dem Namen des Hundes, alle anderen Titel dahinter. Die Auflistung der Titel erfolgt in aufsteigender Reihenfolge, das heißt der niedrigste Titel zuerst, der höchste Titel zum Schluss.

1.) Show Titel:

ALT-CH	Altered Champion	Altered Klasse
CH	Champion	Intact Klasse

2.) Hüte Titel:

STD	Started Trial Dog
OTD	Open Trial Dog
ATD	Advanced Trial Dog
PATD	Post Advanced Trial Dog
RTD	Ranch Trial Dog
c, s und/oder d hinter dem jeweiligen Titel	cattle (Rinder), sheep (Schafe), ducks (Enten)
WITCH	Working Trial Champion

3.) Obedience Titel:

CD	Companion Dog
CDX	Companion Dog Excellent
UD	Utility Dog
UDX	Utility Dog Excellent
OTCH	Obedience Trial Champion

4.) Tracking Titel (Fährtensuche):

TD	Tracking Dog
TDX	Tracking Dog Excellent

5.) Agility Titel:

Der 1. Buchstabe bezeichnet die Klasse:

R	Regular Agility	(Agility)
J	Jumpers	(Jumping)
G	Gamblers	(Spiel)

Der 2. Buchstabe bezeichnet die Unterteilungen:

S	Standard	(Standard)
V	Veterans	(Veteranen = Hunde ab 7Jahre)
J	Juniors	(Jugendliche bis 17 Jahre)

Der 3. Buchstabe bezeichnet die Stufen/Level:

N	Novice	(A1)
O	Open	(A2)
E	Elite	(A3)

Desweiteren können erreicht werden:

OP	Outstanding Performance
SP	Superior Performance
ATCH	Agility Trial Champion

So setzt sich dann der Agility-Titel aus 3 bis 5 Buchstaben zusammen.

RS-O	Regular Standard Open
RV-E-OP	Regular Veterans Elite Outstanding Performance
JJ-N	Jumpers Juniors Novice
ATCH-SP	Agility Trial Champion Superior Performance

Ausstellungen des VDH

Bei den Ausstellungen des VDH (somit auch der FCI) werden alle Rassen bewertet, einschließlich der Australian Shepherds und Miniature American Shepherds, die dort von sogenannten „Allgemein-Richtern" (Richtern für mehrere Rassen) beurteilt werden. In Europa gibt es mittlerweile auch einige Spezialzuchtrichter, die über spezielle Kenntnisse der Rassen verfügen müssen.

Kastrierte Hunde sind auf FCI-Ausstellungen im Gegensatz zum ASCA nicht zugelassen. Auf FCI-Ausstellungen gibt es auch keine Farbklassen für den Australian Shepherd wie beim ASCA.

Ein guter raumgreifender Schritt, wie er im Standard erwünscht ist, spielt bei der Bewertung eine wichtige Rolle.

Die Klassen sind jeweils nach Rüden und Hündinnen getrennt, wobei die besten vier Hunde in jeder Klasse platziert werden. Die ersten vier Plätze werden jedoch nur an Hunde vergeben, die einen Formwert von mindestens „sehr gut" erreichen. Die Reihenfolge der Bewertung ist wie folgt:

- **Veteranenklasse (ab 8 Jahre)**
- **Ehrenklasse (ab 15 Monate mit dem Titel „Internationaler Champion")**
  Für Veteranen- und Ehrenklasse werden keine Formwertnoten vergeben. Es wird nur platziert.
- **Jüngstenklasse (6 bis 9 Monate)**
  Formwertnoten für diese Klasse:
  * vv (vielversprechend)
  * vsp (versprechend)
  * wv (wenig versprechend)
- **Jugendklasse (9 bis 18 Monate)**
- **Zwischenklasse (15 bis 24 Monate)**
- **Championklasse (ab 15 Monate mit dem Titel „Deutscher Champion")**
- **Offene Klasse (ab 15 Monate)**
  Formwertnoten für diese Klassen:
  * V (vorzüglich)
  * Sg (sehr gut)
  * G (gut)
  * Ggd (genügend)
  * Disq (disqualifiziert)

Von den jeweils erstplatzierten Hunden in den Jugend-, Zwischen-, Champion- und Offenen Klassen werden jeweils der Beste Rüde (Winners Dog) und der Zweitbeste Rüde (Reserve Winners Dog) sowie die Beste Hündin (Winners Bitch) und die Zweitbeste Hündin (Reserve Winners Bitch) ermittelt. Der Beste Veteran wird aus der erstplatzierten Veteranenhündin und dem erstplatzierten Veteranenrüden gewählt. Der Sieger der Jugendklasse wird aus der erstplatzierten Jugendhündin und dem erstplatzierten Jugendrüden gewählt. Anschließend treten der Beste Rüde, die Beste Hündin, der Beste Veteran und der Sieger der Jugendklasse erneut gegeneinander an, um den Titel Best Of Breed (Bester der Rasse) sowie Best Of Opposite Sex (Bester der Rasse des anderen Geschlechts) zu ermitteln.

VDH-Titel

Bei den Zuchtschauen unterscheidet man zwischen nationalen (CAC) und internationalen (CACIB) Rassehunde-Ausstellungen sowie Spezial- und Clubschauen.

- **Internationaler Champion (Intl. CH):**
  Auf internationalen Shows wird das CACIB für den Besten Rüden (Winners Dog) und die Beste Hündin (Winners Bitch) vergeben, mit der Möglichkeit, den Titel „Internationaler Champion" zu erlangen. Um diesen Titel zu erreichen, sind 4 Anwartschaften von 3 verschiedenen Richtern in 3 verschiedenen Ländern erforderlich.
- **Deutscher Champion (Dt. CH):**
  Auf anderen Shows wird in der Zwischen-, Champion- und der Offenen Klasse das CAC für den 1. Platz mit einem Formwert „vorzüglich" verliehen, mit der Anwartschaft auf den Titel „Deutscher Champion (VDH)". Für den Erhalt dieses Titels sind 5 Anwartschaften von mindestens 3 verschiedenen Richtern erforderlich, wovon mindestens 3 auf internationalen oder nationalen Zuchtschauen erreicht werden müssen.
- **Jugend Champion (Jgd. CH):**
  Die Anwartschaft auf den Jugend Champion wird dem erstplatzierten Hund in der Jugendklasse gewährt. Um diesen Titel zu erlangen, sind 3 Anwartschaften von mindestens 2 verschiedenen Richtern erforderlich.
- **Veteranen Champion (Vet. CH):**
  Der erstplatzierte Hund in der Veteranenklasse erhält eine Anwartschaft auf den Titel Veteranen Champion. Um diesen Titel zu erreichen, sind 3 Anwartschaften von mindestens 2 verschiedenen Richtern notwendig.

Weitere Titel im VDH sowie CASD

Begleithund-Prüfung:	
BH	Begleithund (VDH)
Ausdauer-Prüfung:	
AD	Ausdauer-Prüfung
Agility:	
AA0	Agility A0
AJ0	Agility Jumping A0
AA1	Agility A1
AJ1	Agility Jumping A1
AA2	Agility A2
AJ2	Agility Jumping A2
AA3	Agility A3
AJ3	Agility Jumping A3
Obedience:	
OB	Obedience Beginners
O1	Obedience 1
O2	Obedience 2
O3	Obedience 3
Turnierhundesport (THS):	
TV1	THS Vierkampf 1
TV2	THS Vierkampf 2
TG2	THS Geländelauf 2000 m
TG5	THS Geländelauf 5000 m
TCSC	THS Combinations-Speed-Cup
Fährtenarbeit:	
FH1	Fährtenhund-Prüfung 1
FH2	Fährtenhund-Prüfung 2

Gesundheitstitel des CASD

Werden für einen im CASD registrierten Hund Untersuchungsergebnisse über HD, ED, Augen (nur HD, ED und Augen sind für die Zuchtzulassung beim Aussie erforderlich, beim MAS sind es HD, Patella und Augen) und MDR1 eingereicht, so wird diesem Hund der Titel **Canine Health Responsibility (CHR)** zugeteilt.

Den Hund richtig präsentieren

Egal ob MAS oder Aussie, ob beim ASCA, MASCA oder VDH – eines ist bei allen gleich: Der Hund als auch der Halter sollten gepflegt aussehen und der Hund sollte an lockerer Leine laufen können, ohne ständig am Halter bzw. Handler hochzuspringen. Auch korrektes Stehen und Zähnezeigen sollten vorher geübt werden. Hat man einen eher reservierten Hund, ist es von Vorteil, das Ganze vorher mit – für den Hund – fremden Menschen zu üben, denn auch auf Ausstellungen oder Shows wird der Hund vom Richter genau begutachtet und angefasst.

Das richtige Präsentieren will geübt sein.

Da das Training sehr individuell ist, möchte ich hier nicht zu tief ins Detail gehen. Es empfiehlt sich für Anfänger Show- und Grooming-Seminare zu besuchen. Da wird nicht nur gezeigt, wie der MAS/Aussie rassegemäß getrimmt wird, sondern auch, wie man ihn vernünftig präsentiert (siehe auch Kapitel „Pflege und Grooming").

Die Krallen

Ein häufiger Fehler bei Anfängern sind die zu langen Krallen der Hunde. Wenn ein Tierarzt sagt, die Krallen seien nicht zu lang, würden Züchter und Hundefriseure die Hände über den Kopf zusammenschlagen. Es gibt einen einfachen Weg festzustellen, ob die Krallen zu lang sind oder nicht. Dazu sollte der Hund gerade und die Vorderbeine im rechten Winkel zum Boden stehen. Das ist eine natürliche Haltung, weil sich der Hund entspannt unter seinen Schwerpunkt stellt, dabei sollten die Krallen den Boden nicht berühren! Ist es dem Hund gar nicht möglich, in dieser Position zu stehen, kann es an den zu langen Krallen liegen. Sobald zu viel Druck auf die Krallen kommt, weicht der Hund diesem durch eine Gewichtsverlagerung nach hinten aus, um den Druck etwas rauszunehmen. Ist das bei Ihrem Aussie der Fall, sollten Sie unbedingt die Krallen kürzen (lassen), denn dies ist nicht nur wichtig für ein gepflegtes Äußeres auf Ausstellungen, sondern wirkt sich auch auf die Gesundheit aus. Ein Hund mit zu langen Krallen verändert nicht nur die Haltung und das Gangbild, sondern er wird mit Langzeitschäden wie Schäden an den Bändern und Sehnen des Karpalgelenks zu kämpfen haben, aber auch Verspannungen und Überdehnungen im gesamten Gebäude sind keine Seltenheit.

Die Ausstattung

Für Ausstellungen werden eine Showleine sowie ein Halsband benötigt. Achten Sie darauf, dass Sie ausschließlich Showketten mit Zugstopp kaufen, da Endloswürger laut Tierschutzgesetz verboten und auf Ausstellungen nicht zugelassen sind. Schöne Showleinen finden Sie oft auf Ausstellungen oder auch bei langjährigen Züchtern, die diese Leinen selbst herstellen, als Beispiel wäre hier Show Leashes by Thunderbay zu nennen.

Das Laufen im Ring

Geht es dann in den Ring, ist der Ablauf im ASCA/MASCA und VDH ähnlich. Der Hund muss Figuren laufen, dabei sollte der Hund immer zwischen dem Richter und Ihnen stehen, damit der Richter den Hund genau begutachten kann. Eine Ausnahme ist beim Auf-und-ab-Laufen, dabei laufen Sie auf den Richter zu bzw. von ihm weg. Anschließend wird sich der Richter Ihren Hund ganz genau anschauen und beurteilen.

Vergessen Sie nicht, dass Sie nicht allein im Ring sind, es laufen weitere Hunde mit Ihnen. Daher ist es sehr wichtig, dass Sie auch das vorher trainieren, denn ein Hund, der andere Hunde bedrängt oder permanent anbellt, macht keinen guten Eindruck und kann im schlimmsten Fall disqualifiziert werden.

Sie dürfen im Ring mit Leckerli arbeiten; es gibt allerdings Richter, die das sehr ungern sehen, daher sollte das eher unauffällig erfolgen. Spielzeuge (die quietschen) sind im Ring nicht erlaubt, ebenso wie „Co-Handler", die am Ring den Hampelmann machen, um den Hund aufmerksam stehen zu lassen.

Sollten Sie mal nicht bewertet werden wie erhofft, packen Sie dies in die Kategorie „shit happens" und fangen Sie nicht an zu diskutieren. Ich denke, solche Erfahrungen wird jeder mal machen; sie sind nicht schön, aber da muss man durch.

Für das Laufen im Ring muss auch geübt werden, dass der Hund seine Artgenossen nicht beachtet.

Angemessene Kleidung

Im ASCA/MASCA und VDH unterscheidet sich der Kleidungsstil des Handlers nicht wirklich, mit einer Ausnahme, aber dazu gleich mehr.

Die Kleidung des Handlers, also der Person, die den Hund im Bewertungsring vorführt, sollte zum Hund passen. Ein sportlich-elegantes Outfit ist hier nie verkehrt. Auf zu auffälliges Styling sollte man besser verzichten, weil sie vom Hund ablenken könnten.
Für Frauen gilt: Zu kurze Röcke, zu tiefe Ausschnitte und High Heels meiden. Sie sollten sich vor allem in Ihrem Outfit wohlfühlen, wenn Sie – als Frau – sonst nie Röcke tragen, weil Sie es nicht mögen, sollten Sie hier lieber eine Alternative wie z. B. den Hosenanzug wählen. Sie sollten aber auch nicht unbedingt im Jogginganzug im Ring erscheinen.
Achten Sie auf das passende Schuhwerk. Und bei Outdoor-Veranstaltungen ist es sicherlich nicht verkehrt, Ersatzkleidung dabei zu haben.

Nun aber zu einer kleinen Ausnahme im ASCA: Ab und zu richten die Vereine Motto-Shows aus, ob nun zum Thema „Oktoberfest" oder „Blue Jeans", da sind fast keine Grenzen gesetzt. Zu diesen Shows dürfen Sie außer der Reihe auch mal auffallen. Es macht immer wieder Spaß, bei solchen Shows dabei zu sein.
Abschließend lässt sich sagen, dass Ausstellungen und Shows sicherlich nicht für jeden Geschmack etwas sind. Viele verurteilen diese und meinen, die Hunde hätten keinen Spaß dabei und würden stundenlang in Boxen sitzen. Aber schauen Sie sich selbst einmal die Ausstellungen an. Ein Hund, der keinen Spaß daran hat, wird sich ganz anders präsentieren als ein Hund, der es liebt, sich zu zeigen. Demnach wird man eher selten auf Hunde treffen, die dies gar nicht mögen.

Ob man selbst daran Freude hat, muss jeder für sich entscheiden, aber man sollte immer bedenken, dass Ausstellungen den Nutzen haben, nur Hunde, die dem Standard entsprechen, in die Zucht zu lassen. Schaut man in diverse Anzeigenportale, wo Aussies ohne Papiere angeboten werden mit Stehohren, Fehlfarben oder anderen Problemen, sollte einem spätestens jetzt bewusst werden, dass Ausstellungen und auch nötige Zuchtzulassungen wie vom VDH gar nicht so verkehrt sind.

Diese zwei Miniature American Shepherd waren die Sieger in der Paar-Bewertung.

Die Zucht

Einmal Welpen von der eigenen Hündin haben oder einmal die Gene vom Rüden weitergeben – davon träumen Viele. Doch Zucht ist ein sehr komplexes Thema, welches nicht unterschätzt werden sollte. Als Neuling sollte man sich von der Illusion trennen, dass man sich einfach einen hübschen Rüden aus dem Dorf nebenan aussucht und alles wird gut. Dies wäre keine seriöse Zucht, sondern nicht durchdachtes Vermehren.

Jeder Züchter hat irgendwann mal begonnen und sich mit der Zeit sein Wissen angeeignet. Nicht selten hat man aus Fehlern gelernt, die man vielleicht hätte vermeiden können, wenn man jemanden an seiner Seite gehabt hätte. Doch leider gibt es nur selten Züchter, die den „Neuen" beratend zur Seite stehen, ob dies nun Angst vor Konkurrenz, Zeitmangel oder Desinteresse ist, lassen wir nun mal offen.

Zuchtgedanken

Wenn Sie den Gedanken haben zu züchten, sollten Sie sich vor Augen halten, dass dies viel Arbeit, Geld und Nerven kostet. Auch viele Sachkenntnisse zur Hundezucht allgemein und speziell über die Rasse, die Sie züchten möchten, sind Voraussetzungen für eine erfolgreiche Zucht.

Es fängt schon mit dem Standard an. Sie sollten den Standard kennen, wissen, wie viele und welche Farben es gibt und wie sich diese vererben. Nichts ist unseriöser als ein „Züchter" der seinen Blue merle-Welpen als „grau gesprenkelt" anpreist. Und bitte: Die Farbe Merle heißt lautsprachlich „mörl" (da aus dem Englischen) und nicht „merl" oder „merle". Wie oft höre ich selbst Züchter, die dieses Wort nicht richtig aussprechen. Vielleicht bin ich da einfach zu pingelig, aber ich finde, es wirft kein gutes Licht auf Züchter, wenn sie Bezeichnungen der Farben oder der Rassenamen nicht korrekt aussprechen.

Wer sich dieses Basiswissen angeeignet hat, kann einen Schritt weitergehen. Ist mein Hund für die Zucht geeignet? Damit ist nicht nur der Phänotyp (die Optik) gemeint, an erster Stelle sollte die Gesundheit stehen. Nur ein gesunder und komplett ausgewerteter Hund gehört in die Zucht. Bevor es aber so weit ist, müssen Sie entscheiden, in welchem Verein Sie züchten wollen. Je nach Verein ist der Weg in die Zucht ein wenig unterschiedlich, daher werde ich auf ASCA/MASCA und VDH eingehen, damit Sie den für sich richtigen Weg finden.

Der Weg zur Zucht im ASCA/MASCA

In den Vereinen ist es relativ einfach zu züchten, denn es sind reine Registrierungsstellen. Die einzigen Voraussetzungen für die Zucht sind die Mitgliedschaft im Verein und das DNA-Profil des Hundes, welches z. B. bei Certagen angefertigt wird. Hat man diese zwei Optionen erfüllt, könnte man theoretisch mit der Zucht beginnen. Ihr Hund sollte natürlich für die Zucht freigegebene Papiere haben. Sollten Sie ein „not for Breeding" im Papier stehen haben, werden Ihre Welpen keine Papiere erhalten. Oft stehen auch die

Züchter als „Co-Owner" mit in den Papieren, daher sollten Sie in jedem Fall vorher Kontakt mit dem Züchter aufnehmen, ob dieser mit der geplanten Verpaarung einverstanden ist. Ist er es nämlich nicht und unterschreibt nicht für diesen Wurf, erhalten Ihre Welpen ebenfalls keine Papiere.
Der Vorteil in diesen Vereinen ist natürlich, dass man ziemlich freie Hand hat, bei dem was man tut; man muss keine Ausstellungen besuchen und es gibt auch keine Wurfabnahmen durch einen Zuchtwart. Seinen Kennel-Namen kann man erst nach fünf Jahren durchgängiger Mitgliedschaft schützen lassen, das heißt, dass Sie mit viel Pech, wenn jemand schneller ist, Ihren Kennel-Namen nicht mehr nutzen können. Bevor Sie Ihren Namen auswählen, empfiehlt es sich, auf den Seiten der Vereine zu schauen, welche Namen bereits registriert sind. Es wäre ärgerlich, wenn Ihr Wunschname schon vergeben ist und Sie sich auf die Schnelle etwas anderes einfallen lassen müssen.

Das Schicksal der Welpen liegt in der Hand des Züchters.

Sind die ersten Hürden alle genommen und Sie haben einen Rüden gefunden und der Deckakt war erfolgreich, haben Sie bis zur Geburt erstmal weiter nichts zu tun, was die Vereine betrifft.

Wenn die Welpen geboren werden, haben Sie zwei Optionen, Sie können Ihren Wurf online oder mit der „Litter Registry" anmelden. Online haben Sie den Vorteil, dass es viel schneller geht, denn der Deckrüdenbesitzer bekommt eine Mail, diese muss er bestätigen, damit der Wurf gemeldet werden kann, und sobald dies geschehen ist, ist Ihr Wurf gemeldet. In Papierform müssen Sie diese vom Deckrüdenbesitzer unterschreiben lassen, am besten nehmen Sie das Formular direkt zum Decken mit, um es nachher nicht hin und her schicken zu müssen. In dem Formular (und auch online) werden die Geschlechter und Farben angegeben, achten Sie darauf, dass alles korrekt ist, denn eine Änderung könnte mit weiteren Kosten und Aufwand verbunden sein.
Nachdem der Wurf registriert ist, erhalten Sie bestenfalls wenige Wochen später die „Individual Registry" für alle Welpen. Darin werden die individuellen Angaben vermerkt; hier müssen Sie darauf achten, dass jedes Formular zum Welpen passt, denn Farbe und Geschlecht sind hier bereits angegeben.
Sie können nun entscheiden, ob Ihre Hunde in die Zucht dürfen oder nicht. Sollten Sie sich gegen eine Zuchtfreigabe entscheiden, bedenken Sie, dass bei einer Änderung weitere Kosten auf Sie zukommen, denn der Verein verlangt ein vom Notar beglaubigtes Dokument. Auch steht es Ihnen frei, ob Sie als „Co-Owner" mit eingetragen werden sollen oder nicht. Dies sollten Sie aber im Vorfeld unbedingt mit Ihren Welpenkäufern besprechen, um Streitigkeiten oder Missverständnisse zu vermeiden. Auf dem Formular müssen außerdem die Daten der neuen Besitzer angegeben werden; diese müssen Mitglied sein,

um die finalen Papiere zu bekommen. Es empfiehlt sich außerdem das Feld anzukreuzen, wo ein Pedigree angefordert werden kann, denn ohne diese Option erhält man lediglich ein Dokument, in dem die Daten der Besitzer, des Züchters und des Hundes angegeben sind, aber eben kein Pedigree mit den Ahnen.
Die Kosten belaufen sich etwa auf 100,- $ pro Welpen, wenn die neuen Besitzer dies übernehmen sollen. Ich empfehle allerdings, die Dokumente zu sammeln und dann gebündelt zum Verein zu senden und die Kosten als Züchter zu tragen, denn Ihr Käufer hat einen Hund mit Papieren gezahlt, da sollte er nicht noch weiteren Aufwand und weitere Kosten haben, um an das Papier zu kommen, zumal die meisten Welpenkäufer damit völlig überfordert sind. Sie bekommen als Züchter, wenn Sie den Wurf registrieren, einen Rabatt und müssen nicht den vollen Preis zahlen. Es gibt nach wie vor Züchter, die nur die Individual Registry mitgeben, aber für Sie und Ihren Ruf wäre die andere Variante definitiv besser.

Der Weg zur Zucht im VDH

Sollten Sie sich für den CASD e. V., der dem VDH angeschlossen ist, entscheiden, sieht Ihr Werdegang etwas anders aus als im ASCA oder MASCA. Zunächst müssen Sie einen Antrag auf Mitgliedschaft stellen. Immer zum Quartalsbeginn werden neue Mitglieder aufgenommen. Ihr Name und Ihre Anschrift werden in der Aussie-Post veröffentlicht. Mitglieder haben nun vier Wochen die Möglichkeit, Widerspruch einzulegen, aber keine Angst, nur weil Sie jemand vielleicht nicht leiden kann, wird Ihnen die Mitgliedschaft nicht verwehrt; es müssen triftige Gründe (z. B. tierschutzrelevante Dinge) vorliegen.
Nach diesen vier Wochen sind Sie dann Mitglied, sofern es bei Ihnen nichts zu beanstanden gab. Und ab hier geht Ihre Reise los. Sollte Ihr Hund keine Papiere vom CASD e. V. besitzen, müssen Sie zunächst Kontakt zu dem jeweiligen Verein aufnahmen, denn je nach Herkunft des Hundes/des Pedigrees, muss es entweder übernommen werden oder der Hund muss phänotypisiert werden; Letzteres trifft auf Hunde aus dem ASCA/MASCA zu. Wird nur ein Übernahmepedigree benötigt, sendet man das bereits vorhandene Original-Pedigree zum Verein und erhält es nach kurzer Zeit zusammen mit dem Übernahmepedigree zurück.

Die Phänotypisierung wird auf Körveranstaltungen angeboten. Hier müssen Sie Ihren Hund einem Zuchtrichter vorführen, dieser bewertet Ihren Hund und händigt Ihnen die benötigten Formulare aus. Diese senden Sie zusammen mit Ihrem Pedigree zum Verein und erhalten danach eine Registrierbescheinigung. Wichtig: Im ASCA/MASCA gezogene Hunde verlieren ihren Zuchtnamen und werden mit dem Rufnamen registriert.

Bis zur Zuchtzulassung kann es ein weiter Weg sein.

Ist ihr Hund nun registriert, müssen Sie dafür unterschreiben, dass Ihr Hund weder im anderen Verein als dem CASD e. V. Welpen bekommt und als Rüde keine anderen Hunde außerhalb des VDH/FCI deckt. Verstoßen Sie gegen diese Vereinbarung, kann dies zum Ausschluss führen.

Um Ihre Hunde zur Zucht zuzulassen, müssen diese auf zwei Ausstellungen mindestens mit einem SG (sehr gut) bewertet werden. Einzige Ausnahme hier: Hunde, die kupiert sind oder eine zu kurze Rute haben, müssen diese Ausstellungen nicht besuchen und dürfen direkt zur Körung. Haben Sie die Ausstellungen, sofern nötig, erfolgreich hinter sich gebracht, können Sie Ihren Hund nun zur Körung anmelden. Auf der Körung schaut sich der Richter Ihren Hund ganz genau an und bewertet diesen. Hier werden Fehler vermerkt und sofern Ihr Hund nicht geeignet sein sollte, wird er von der Zucht ausgeschlossen. Dies ist nicht schön, verhindert aber, dass Hunde, die nicht in die Zucht gehören, dennoch verpaart werden.

Um die endgültige Zuchtzulassung zu bekommen, müssen Sie nach erfolgreicher Körung noch die gesundheitlichen Untersuchungsergebnisse einreichen.
Sie können Ihren Hund auf HD, ED, OCD und LÜW röntgen und auf genetische Krankheiten untersuchen lassen. Hierfür gibt es einige Labore (Certagen, Laboklin, MyDogDNA), die Komplett-Pakete für die Rasse anbieten. Außerdem sollte man mindestens alle zwei Jahre eine Augenuntersuchung von einem DOK anerkannten Tierarzt durchführen lassen. Eine Kontrolle von Herz und Gebiss kann nicht schaden. Bei den Zähnen sollte kontrolliert werden, ob alle Zähne vorhanden sind und das Gebiss korrekt ist. Welche Untersuchungen genau benötigt werden, sollten Sie in Ihrem Verein erfragen. Da sich die Medizin immer weiterentwickelt, werden hier sicherlich immer wieder neue Dinge hinzukommen.

Die Untersuchungen der Röntgenbilder werden in Ahlen von Frau Dr. Viehfues ausgewertet und zum CASD e. V. geschickt.

Ahnenforschung

Was nicht außer Acht gelassen werden darf und vor den ganzen Untersuchungen stattfinden sollte, ist die Recherche der Ahnen vom eigenen Hund, denn auch hier spielt die Gesundheit eine große Rolle, vor allem beim Thema Epilepsie.
So gibt es z. B. das „Epi-Register für Hunde“ (Epi = Epilepsie), in dem man nach Hunden suchen kann, die von dieser Krankheit betroffen sind oder waren. So kann man ein wenig über die Problematiken in den Linien lernen. Epilepsie sollte aber nicht allein das Augenmerk sein, denn komplett epilepsiefreie Linien gibt es nicht. Sie sollten auch recherchieren, ob weitere Krankheiten auffällig waren und auch wie das Wesen der Hunde ist und war.
Es gibt Linien, die für ihre gewisse „Aggressivität“ bekannt sind, was an sich nichts Schlimmes ist, denn ein gewisses Potenzial benötigt der Hütehund, um sich an mehreren hundert Kilo schweren Rindern durchzusetzen. Solche Linien sollten aber eben nicht unbedingt in eine Familie mit Kindern kommen, die einen aktiven Familienhund und eben keinen Arbeiter am Vieh wollen.

Kosten, Zeit und Nerven

Auch der finanzielle Teil ist nicht zu verachten. Der Weg bis zum zugelassenen Zuchthund ist lang und teuer und auch die Anschaffungen für die Welpen kosten Geld. Schnell gehen dabei mehrere Tausend Euro drauf. Wer mit der Zucht verdienen möchte, sollte sich von diesem Gedanken schnell verabschieden. Es wird mehrere Würfe dauern, bis man ansatzweise die bereits investierten Kosten wieder drin hat und wenn man dann endlich auf 0 ist, steckt man im Grunde wieder alles in die Hunde und die Zucht.

Auch kann es immer mal zu Komplikationen kommen: Kaiserschnitt, die Welpen sterben, die Hündin nimmt die Welpen nicht an oder die Mutterhündin stirbt. Das sind Risiken, mit denen man rechnen muss, die im besten Falle aber nie passieren.

Und dann ist da auch noch das Thema andere Züchter und die Welpenkäufer. Zucht ist wie ein Haifischbecken. Wenn man sich aus allem raushält, sich bemüht alles richtig zu machen und nicht negativ auffällt, kann man seine Ruhe haben, aber leider gibt es auch die andere Seite. Gerede und Lästereien sind da noch eher die netten Dinge. Hunde die plötzlich verschwinden, Klagen vor Gericht und Drohungen sind die andere Seite. Zum Glück hatte ich damit nichts zu tun, aber man bekommt vieles mit und kann oft nur den Kopf schütteln.

Auch die Welpeninteressenten sind nicht immer einfach. Kuriose Anfragen und Wunschvorstellungen sind da noch recht amüsant, aber Anrufe um 3 Uhr nachts oder falsche Angaben, nur um einen Hund zu bekommen, sind die andere Seite. Die Erfahrung hat gezeigt, dass eher unseriöse Anfragen von Anzeigenportalen kommen. Hat man seine Welpen auf der Homepage stehen oder als VDH-Züchter auf deren Portalen, hat man zum Großteil seriöse und ehrliche Anfragen von Leuten, die sich mit der Rasse auseinandergesetzt haben.

Und selbst die Welpenaufzucht ist sehr anstrengend. Sind die ersten drei bis vier Wochen noch relativ entspannt, geht es danach richtig los. Verabschieden Sie sich von den Bildern, die Sie auf sozialen Netzwerken sehen, wo alles aussieht wie geleckt und man fröhlich zwischen den Welpen liegt. Natürlich gibt es diese Momente, aber die Zeit dazwischen hat mit dieser „Welpenromantik" wenig zu tun. Morgens, wenn Sie aufstehen, werden Sie von

Mutterglück!

stinkenden Häufchen und Pipi begrüßt. Das bedeutet putzen, putzen und nochmal putzen. Auch Ihre Waschmaschine wird gefühlt 24/7 laufen. Die Welpen wollen auch vernünftig sozialisiert werden und nicht nur in ihrem Auslauf sitzen, auch hier geht viel Zeit drauf. Wenn Sie einen Vollzeitjob haben und in der Zeit keinen Urlaub bekommen, ist es im Grunde gar nicht zu meistern. Daher sollten Sie sich auch die Frage stellen, ob Sie überhaupt die Zeit haben, einen Wurf großzuziehen.
Wenn Sie an dieser Stelle noch nicht alle Pläne über Bord geworfen haben, herzlichen Glückwunsch! Sie haben gemerkt, dass eben viel mehr hinter der Zucht steckt, als nur Hündin A und Rüde B zu verpaaren.

Die Welpenaufzucht macht viel Freude, kann aber auch sehr anstrengend sein.

Planung und Vorbereitung

Wenn Sie nun immer noch motiviert sind, sollten Sie sich einen Plan machen. Besuchen Sie Seminare rund um das Thema Zucht und Aufzucht; es wird Ihnen helfen, um auf alle Dinge vorbereitet zu sein. Behalten Sie aber immer im Hinterkopf: Theorie und Praxis sehen fast immer ganz anders aus. Schnell ist man als Anfänger beunruhigt und überfordert. Es hilft dann, einen langjährigen Züchter an seiner Seite zu haben, der im Notfall mit Rat und Tat zur Seite steht.

Möchten Sie unter dem VDH züchten, müssen Sie eine Neuzüchterschulung mit Prüfung besuchen. Hier lernen Sie als Neuling die Grundlagen der Zucht. Ich möchte betonen, dass dies wirklich nur die nötigsten Grundlagen sind. Es ist sehr sinnvoll, sich auch nach dieser Schulung weiterhin über Zucht, Genetik, Aufzucht und allem, was mit Zucht in Verbindung steht, zu informieren, denn das macht einen guten Züchter aus.

Haben Sie die Prüfung bestanden, können Sie einen Termin zur Zwingerabnahme vereinbaren. Sie werden zu dem Termin zu Hause besucht. Der Zuchtwart schaut sich die Umgebung und Ihre Hunde an, er wird Sie beraten und vielleicht auch noch Tipps geben, was Sie besser machen können. Scheuen Sie sich nicht, Fragen zu stellen. Der Zuchtwart kommt zu Ihnen, um Sie zu unterstützen, und

nicht um Ihnen Steine in den Weg zu legen. Sie können vorab die Mindesthaltungsbedingungen von der Homepage des CASD e.V. runterladen und durchlesen. Dort erfahren Sie schon, was bezügliche Größe der Räumlichkeiten und Aufzucht wichtig für sie ist.
Der ASCA prüft dies nicht. Trotzdem sollten Sie sich unbedingt Gedanken zur Aufzucht und die Haltungsbedingungen machen, um eventuelle Probleme mit dem Veterinäramt zu vermeiden.
Nach erfolgreicher Prüfung können Sie Ihren Zwinger-Namen bei der FCI beantragen. Sie müssen drei Wunschnamen angeben; der Name, den Sie als erste Wahl haben, setzen Sie an erster Stelle. Nun müssen Sie sich in Geduld üben, es dauert etwa zwei bis vier Monate, bis Sie Bescheid bekommen.
Kleiner Tipp: Schauen Sie ab und zu auf die FCI-Homepage und suchen Sie Ihren Wunschnamen unter den registrierten Namen: oft ist dieser schon wesentlich früher dort zu lesen, als Sie Bescheid bekommen. Im Übrigen lohnt es sich auch, vorher einen Blick in die Liste zu werfen, denn Zwingernamen dürfen nicht doppelt vergeben werden. Sollten Sie Ihren Wunschnamen dort finden, müssen Sie sich leider etwas Neues einfallen lassen.
Haben Sie nun auch Ihren Zwingernamen, kann es losgehen. Sie können auf Deckrüdensuche gehen. Bedenken Sie, dass Sie bei ausländischen Rüden vorher einen Antrag beim CASD stellen und die Unterlagen des Rüden einreichen müssen.
Ist der Wurf dann geboren, wird dieser zweimal vom Zuchtwart abgenommen, einmal kurz nach der Geburt und einmal kurz vor der Abgabe.
Wie Sie sehen, unterscheiden sich ASCA/MASCA und der VDH sehr stark auf dem Weg in die Zucht, was aber nicht heißen soll, dass einer besser als der andere ist. Es wird immer mal Züchter geben, die auf ihren Verein schwören und alles andere schlecht reden, aber vergessen Sie nie: Nicht der Verein macht einen guten Züchter, sondern der Mensch, der hinter dieser Zucht steht.

Auswahl eines potenziellen Zuchthundes

Spielt man schon länger mit dem Gedanken zu züchten, gilt es nochmal auf andere Dinge zu achten. Diesen Gedanken sollten Sie offen und ehrlich mit dem Züchter kommunizieren, denn es gibt Züchter, die generell keine Hunde für die Zucht verkaufen oder nur unter bestimmten Voraussetzungen und oft auch für höhere Preise. Ist dies geklärt und beide Seiten sind mit den Bedingungen einverstanden, können Sie den Züchter bitten, den möglichst geeignetsten Hund auszusuchen, wenn Sie selbst noch kein Auge dafür haben. Bedenken Sie, dass Sie sich einige Zeit gedulden müssen, denn frühstens mit sechs Wochen wird man die Qualitäten der Welpen ansatzweise beurteilen können.
Die Beurteilung eines Welpen oder Hundes ist sehr komplex und würde eine extra Lektüre erfordern, deswegen möchte ich an dieser Stelle nur grob darauf eingehen.
Beobachten Sie den Welpen: Wie läuft er? Läuft er korrekt? Entspricht sein Phänotyp möglichst dem Rassestandard? Wie ist er charakterlich? Worauf legen Sie Wert, bringt er diese Eigenschaften mit?
Fragen Sie nach Fotos im Stand und lassen Sie sich Videos in der Bewegung schicken, zeigen Sie diese vielleicht auch noch erfahrenen, neutralen Züchter. Diese sehen oft eher Fehler als man selbst, wenn man gerade im 7. Himmel schwebt. Und merken Sie sich bereits jetzt: Eine

der wichtigsten Eigenschaften eines guten Züchters ist Selbstkritik. Natürlich sind die eigenen Hunde immer die schönsten und besten, aber bei der Zucht geht es um viel mehr als nur das. Bedenken Sie, dass ein potenziell geeigneter Welpe keine Garantie dafür ist, dass er sich später auch tatsächlich für die Zucht eignet. Ab und zu ergibt sich auch die Möglichkeit, einen älteren Hund vom Züchter zu erwerben, weil z. B. die Zucht verkleinert werden soll.

◂ Es gibt keine Garantie dafür, ob sich aus einem Welpen der ideale Zuchthund entwickeln wird.

Import eines Zuchthundes

Gerade wenn man züchten möchte, spielt der eine oder andere mit dem Gedanken, einen Australian Shepherd oder einen MAS zu importieren, doch auch hier gibt es Einiges zu beachten. Je nach Land gibt es Auflagen, an die man sich halten muss. Alter, Impfungen, ärztliche Atteste und die Kennzeichnung spielen hierbei eine große Rolle. Die jeweiligen Bedingungen erfahren Sie beim Auswärtigen Amt. Oft haben die ausländischen Züchter bereits Erfahrung und helfen bei der Organisation des Transportes. Aber als Anfänger sollte man nicht unbedingt direkt einen Hund aus dem Ausland holen, außer Sie haben die Möglichkeit, selbst vor Ort die Hunde und die Zucht anzuschauen. Oft ist es aber so, dass man sich die Hunde anhand von Fotos und Videos aussucht und sie zum ersten Mal sieht, wenn man sie vom Flughafen abholt oder sie mit einem Transportunternehmen gebracht werden. Gerät man hier an einen unseriösen Züchter, kann man das Pech haben, einen völlig verängstigten, nicht sozialisierten Hund zu bekommen. Da muss man sich dann die Frage stellen, ob dieser Hund sich jemals für die Zucht eignen wird oder ob man versucht, diesen Hund in eine nette Familie zu vermitteln oder ihn eben selbst behält, mit dem Bewusstsein, dass dieser Hund vielleicht nie für die Zucht geeignet sein wird. Denn wie Sie wissen, nicht nur der Phänotyp ist wichtig für die Zucht, sondern auch der Charakter. Auch eine Rolle spielen hier die Kosten, ein Transport kann schnell weit über 1000,- Euro kosten. Vorteile sind natürlich, dass man im Ausland eher Linien findet, die in Deutschland so noch nicht zu finden sind, was der Rasse guttut, sofern es dann auch gesunde Linien sind.

Der Deckrüde

Hat man die richtige Hündin, kann es endlich auf die Suche nach einem passenden Rüden gehen, wobei Sie auch unbedingt auf Gesundheit, Charakter und Phänotyp achten sollten. Oft scheint auf den ersten Blick alles perfekt, aber manchmal passt dann doch etwas nicht, sei es die Ahnentafel oder etwas bei den Auswertungen. Meine persönliche Empfehlung ist: Halten Sie Ausschau nach einem Rüden, der für Sie passt, und nicht nach einem Rüden der Multi-Champion und gerade „in" ist. Ein Rüde, der permanent im Deckeinsatz ist und Hunderte von Nachzuchten produziert, kann für die Vielfalt in der Zucht nicht gut sein, da er zu einem genetischen Flaschenhals führen kann. Nicht selten bringen eher unbekannte Hunde großartige Nachzuchten hervor.

Für welche Hündin ist der Rüde wohl am besten geeignet?

Daher planen Sie ruhig früh genug, schauen Sie sich mehrere Rüden an, beschränken Sie nicht auf einen Umkreis von 100 km, das funktioniert in der Regel so gut wie nie. Seien Sie bereit, auch mal Hunderte Kilometer zu fahren, Sie wollen schließlich einen vernünftigen Rüden und nicht den nächstbesten. Deckrüden finden Sie auf Züchterseiten, im VDH, auf der Vereinsseite oder in sozialen Netzwerken, gerade bei Facebook gibt es viele Gruppen, in denen Deckrüden angeboten werden.

Wurden Sie fündig, sprechen Sie mit dem Besitzer. Viele haben gewisse Vorstellungen, die erfüllt werden müssen (wie z. B., dass alle Welpen „not for breed" verkauft werden) und auch die Preise können hier stark variieren. Wenn alles passt, planen Sie, wenn möglich, zwei Tage zum Decken ein. So können Sie auf Nummer sicher gehen, falls sich Ihre Hündin am ersten Tag nicht decken lassen möchte oder Sie die Hündin lieber zweimal decken lassen möchten, um die Chance auf Welpen zu erhöhen. Dann gibt es Deckrüdenbesitzer, die einen Freilauf nicht wollen und/oder der Rüde deckt nur an der Hand, wieder andere sind auch für einen Freilauf offen.

So kann eine Deckanzeige aussehen.

In der Regel wird nach dem erfolgtem Deckakt die Decktaxe bezahlt, diese beläuft sich durchschnittlich auf 1500,- bis 2500,- Euro. Sollte die Hündin nicht tragend sein, wird meist ein weiterer Deckakt angeboten. Hier ist es wichtig, dass Sie das vorab mit dem Deckrüdenbesitzer klären, und halten Sie dies unbedingt schriftlich fest.

Der richtige Deckzeitpunkt

Der optimale Deckzeitpunkt kann durch einen Progesterontest der Hündin bestimmt werden, der mittels Blutprobe durchgeführt wird. Es wird empfohlen, alle zwei Tage ab dem 7. Tag der Läufigkeit Blutproben zu entnehmen. In der Regel fällt der Zeitraum, in dem die Hündin in die Standhitze kommt, zwischen den 9. und 13. Tag der Läufigkeit. Diese Zeitspanne variiert jedoch individuell bei jeder Hündin und kann sowohl nach unten als auch nach oben abweichen.

Neben dem Progesterontest können Sie auch anhand des Verhaltens und möglicher Auffälligkeiten bei Ihrer Hündin feststellen, ob sie sich in der Standhitze befindet. Hinweise dafür sind eine Aufhellung des Blutes, was bei besonders sauberen Hündinnen möglicherweise schwer zu erkennen ist. Ebenso lässt sich eine Schwellung der Scheide beobachten. Das Interesse der Hündin an Rüden nimmt zu, sie zeigt deutliches Flirtverhalten und legt ihre Rute zur Seite. Wenn man die Hand auf die Kruppe der Hündin legt, wird sie in der Regel die Rute ebenfalls zur Seite bewegen. Zu diesem Zeitpunkt akzeptiert sie Rüden und befindet sich in der Standhitze. Es ist jedoch wichtig zu beachten, dass manche Hündinnen bereits zu Beginn der Läufigkeit Rüden akzeptieren und decken lassen würden. In solchen Fällen wird empfohlen, einen Progesterontest durchzuführen, um sicherzugehen. Wenn Sie keine Welpen möchten, sollten Sie ganz besonders auf Ihre Hündin Acht geben, sie nicht frei laufen lassen und Hundewiesen meiden. Falls Sie ein gemischtes Rudel besitzen, ist es ratsam, Ihre Hündin räumlich zu trennen oder für die Zeit bei Freunden unterzubringen, um Unfälle zu vermeiden. Sowohl Rüden als auch Hündinnen können in dieser Phase äußerst einfallsreich sein, um zueinander zu gelangen.

Der richtige Deckzeitpunkt lässt sich oft nur durch einen Progesterontest feststellen.

Beim Deckakt empfiehlt es sich gerade bei unerfahrenen Hündinnen, in der Nähe zu sein, damit sie keine Panik bekommt und sich vielleicht losreißt und dabei sich und den Rüden verletzt, da Rüde und Hündin nach erfolgreichem Deckakt etwa 10 bis 45 Minuten „hängen". Der Penis des Rüden ist ein Schwellkörper; erst mit dem Hängen kann man davon ausgehen, dass der Deckakt erfolgreich war. Es gibt aber auch wenige Fälle, in denen Rüde und Hündin nicht gehangen haben und die Hündin dennoch trächtig wurde; dies ist aber eher die Ausnahme.

Die Trächtigkeit

Die Trächtigkeit (rund 63 Tage) einer Hündin ist eine aufregende Zeit, die sorgfältige Aufmerksamkeit erfordert, um die Gesundheit der Mutter und der Welpen zu gewährleisten. Während der Trächtigkeit ist es wichtig, regelmäßige Tierarztbesuche zu planen, um sicherzustellen, dass alles reibungslos verläuft.
Zum Zeitpunkt der Trächtigkeit einer Hündin ist es üblich, ab dem 25. Tag nach der Befruchtung einen Ultraschall durchzuführen, um festzustellen, ob die Hündin schwanger ist und um eine ungefähre Anzahl der Welpen zu bestimmen. Der Ultraschall ermöglicht es dem Tierarzt, die Entwicklung der Welpen im Mutterleib zu überwachen und etwaige Komplikationen frühzeitig zu erkennen.

Aufgrund des dichten Fells sieht man einer Hündin die Trächtigkeit kaum an.

Es ist wichtig zu beachten, dass unnötiges Röntgen während der Trächtigkeit vermieden werden sollte, da die Strahlenbelastung für die Hündin und die ungeborenen Welpen schädlich sein kann. Der Ultraschall ist eine sichere und zuverlässige Methode, um die Trächtigkeit zu bestätigen, ohne das Risiko von Strahlung einzugehen. Sollte der Tierarzt nur einen Welpen auf dem Ultraschall sehen oder andere Komplikationen befürchten, kann aber eine Röntgendiagnostik durchaus sinnvoll sein. Aussagefähige Ergebnisse in der Röntgendiagnostik sind im Übrigen erst nach dem 45. bis 48. Tag der Trächtigkeit zu erwarten, da dann die Kalzifizierung (Kalkeinlagerung) der Knochen ausreicht, um das Skelett röntgenologisch darzustellen. Zu früh eingesetzte Röntgenstrahlen können zu Missbildungen führen.

Eine gesunde Ernährung während der Trächtigkeit ist entscheidend, um sicherzustellen, dass die Hündin alle Nährstoffe erhält, die sie und ihre Welpen benötigen, dies ist allerdings erst ab der 5. Trächtigkeitswoche notwendig. Hochwertiges Hundefutter, das speziell für tragende Hündinnen formuliert ist, kann dabei helfen, den erhöhten Nährstoffbedarf während dieser Zeit zu decken. Es ist wichtig, dass die darin enthaltenen Proteine eine hohe Verwertbarkeit aufweisen. Es ist ratsam, kleine, häufige Mahlzeiten anzubieten, um Magenprobleme zu vermeiden. Während der Trächtigkeit sollten Sie auch auf das Verhalten und den Gesundheitszustand Ihrer Hündin achten. Veränderungen im Appetit, Gewichtszunahme, vermehrtes Hecheln und Nestbauverhalten können Anzeichen dafür sein, dass die Geburt bald bevorsteht. Die Hündin sollte ausreichend Ruhe und Bewegung bekommen, um den Trächtigkeitsverlauf positiv zu unterstützen.

Insgesamt ist es wichtig, während der Trächtigkeit einer Hündin eng mit einem Tierarzt zusammenzuarbeiten, um eine gesunde und sichere Schwangerschaft sowie eine problemlose Geburt zu gewährleisten. Mit der richtigen Pflege, Ernährung und Vorsorgeuntersuchungen kann die Trächtigkeit ein freudiges und erfolgreiches Ereignis für alle Beteiligten sein. Sprechen Sie früh genug mit Ihrem Tierarzt; die meisten Tierärzte geben für die Geburt ihre private Telefonnummer raus, falls es zu Komplikationen kommt. Auch ist es ratsam, mit erfahrenen Züchtern in Kontakt zu stehen; diese können Ihnen vorab viele Bedenken nehmen und Ihnen zur Seite stehen. Und glauben Sie mir, egal wie lange man züchtet, eine Trächtigkeit oder auch eine Geburt wird nie zur Routine. Es ist immer wieder spannend und auch die erfahrensten Züchter sind immer wieder aufgeregt.

Die Entwicklung der Welpen im Mutterleib

Von dem Moment der Befruchtung bis zur Geburt durchläuft ein Welpe im Mutterleib verschiedene Entwicklungsstadien, die entscheidend für sein Wachstum und seine Gesundheit sind.

1. **Zygotenstadium** (Tag 1 bis 4): Nach der Befruchtung durchdringt die befruchtete Eizelle die Gebärmutterwand und beginnt sich zu teilen. In dieser Phase werden die Zellen zu Embryonen.
2. **Blastozystenstadium** (Tag 5 bis 14): Die sich teilenden Zellen bilden eine Hohlkugel, die Blastozyste. Sie beginnt sich in die Gebärmutter einzunisten und nährt sich von der Gebärmutterschleimhaut.
3. **Embryonalstadium** (Tag 15 bis 28): In dieser Phase entwickeln sich die verschiedenen Gewebeschichten und Organsysteme des Embryos. Die Anlage von Herz, Gehirn, Wirbelsäule und Gliedmaßen beginnt sich zu bilden.
4. **Fötalstadium** (Tag 29 bis zur Geburt): Ab dem 29. Tag wird der Embryo offiziell als Fötus bezeichnet. In dieser Phase wachsen und reifen die Organe weiter, die Knochen verfestigen sich, das Fell bildet sich und der Fötus nimmt an Größe zu.

Achten Sie darauf, wo die Welpen geboren werden. Es sollte ein warmer, ruhiger Bereich sein, der vor Zugluft geschützt ist. Auch die Hündin sollte hier zur Ruhe kommen und nicht vom ständigen Durchgangsverkehr gestört werden. Es sollte eine Wurfkiste vorhanden sein, die zur Größe der Mutter passt und davor schützt, dass die Welpen durch die Mutter zerquetscht werden, außerdem sollte sie leicht zu reinigen sein. Wir nutzen die Kunststoff-Wurfboxen von Topmast, diese sind schnell auf- und abzubauen (und sehr platzsparend) und leicht zu reinigen, als Untergrund benutzen wir VetBed-Decken. Als Wärmequelle verwenden wir Wärmeplatten. Rotlicht trocknet Welpen arg aus und kann diese schnell überhitzen.
Die Hündin sollte den Bereich schon zwei bis drei Wochen vor der Geburt kennenlernen und nicht erst kurz davor.

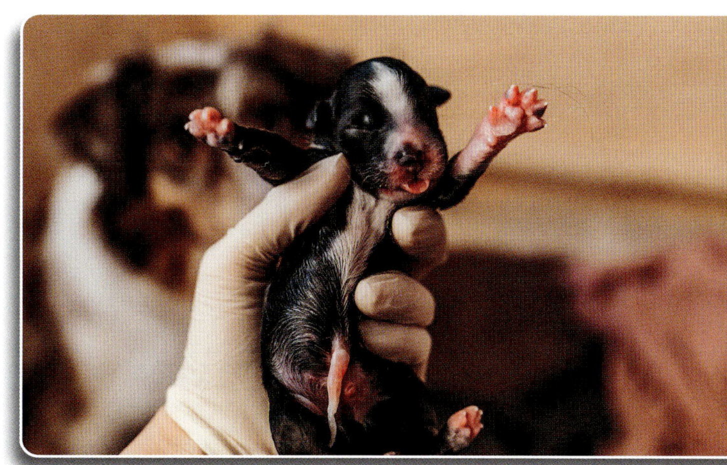

Hurra, geschafft!

Die Geburt

Die durchschnittliche Trächtigkeitsdauer beträgt 63 Tage, wobei Abweichungen um mehrere Tage als normal angesehen werden. Bei Einfrüchtigkeit erfolgt die Geburt in der Regel erst nach dem 63. Tag, was aufgrund der Größe des Welpen oft zu Geburtsschwierigkeiten führt. Bei der Berechnung des voraussichtlichen Geburtstermins muss berücksichtigt werden, ob die Hündin an mehreren Tagen belegt wurde. Der letzte Deckakt ist nicht immer entscheidend, da die Hündin bereits beim ersten Deckakt befruchtet worden sein kann und den Aufsprung des Rüden in den folgenden Tagen einfach toleriert hat. Sollte die Hündin am 65. Tag der Trächtigkeit keinerlei Anzeichen für eine bevorstehende Geburt zeigen, ist eine Störung zu vermuten und es wird dringend empfohlen, sofort tierärztlichen Rat einzuholen.

Anzeichen der Geburt

In den letzten Tagen vor dem erwarteten Geburtstermin sollte die Körpertemperatur der Hündin im Enddarm dreimal täglich mit einem Fieberthermometer kontrolliert werden. Etwa 24 bis 36 Stunden vor Beginn der Wehen kommt es bei ca. 80 % der Hündinnen zu einem Temperaturabfall um etwa 1°C von rund 38,0°C bis 39,0°C auf 37,0°C bis 38,0°C. Mit dem Einsetzen der Eröffnungswehen steigt die Temperatur allmählich wieder an und pendelt sich nach der Geburt wieder auf ihren ursprünglichen Wert ein. Innerhalb der ersten beiden Tage nach der Geburt kann eine leichte Temperaturerhöhung auf über 39,0°C bis zu 39,5°C beobachtet werden. Höhere Temperaturen, apathisches Verhalten und Appetitlosigkeit sind aber nicht normal und erfordern eine tierärztliche Untersuchung der Hündin.

Zu den weiteren Anzeichen einer bevorstehenden Geburt zählt die Milchproduktion in den Zitzen, welche Tropfen oder größere Mengen Milch absondern können. Manchmal setzt die Milchbildung allerdings erst nach der Geburt ein. Die Schwellung der Scheide deutet auf eine verstärkte Durchblutung und Auflockerung der Geschlechtsorgane hin. Auch das Verhalten der Hündin verändert sich, sie wird unruhig und kann anfangen, Kissen heranzuschleppen, um ihr Nest zu bauen. Diese Symptome sind jedoch nicht zuverlässig, da sie auch Anzeichen einer Scheinträchtigkeit sein können. Während der letzten Stunden vor der Geburt verweigert die Hündin in der Regel die Nahrungsaufnahme. Der Schleimpfropf im Geburtskanal beginnt sich zu lösen, der Muttermund öffnet sich und es tritt ein zähflüssiger, glasklarer Schleim aus der Scheide aus.

Die drei Phasen der Geburt

1. Öffnungsphase

Die Öffnungsphase beginnt unbemerkt für den Züchter. In dieser Phase, die zwischen 6 und 36 Stunden dauern kann, wird die Hündin hormonell auf die Geburt vorbereitet. Die Gebärmutter erfährt Vorwehen und Kontraktionen, die den Muttermund und den Geburtskanal auf die bevorstehende Geburt vorbereiten. Einige Hündinnen zeigen in dieser Phase ruheloses und nervöses Verhalten, das durch Nestbau und Lecken an der Vulva unterbrochen wird.
Es ist wichtig, der Hündin in dieser Phase Freiraum für ihre Instinkte zu lassen und gleichzeitig beruhigend und einfühlsam zu sein, da Stressfaktoren den Geburtsprozess verzögern können.

2. Austreibungsphase

Während der Austreibungsphase kommt es zur Lösung der Plazenta und die Welpen machen sich langsam auf den Weg durch den Geburtskanal. Äußerlich sichtbare Anzeichen wie Bauchpressen und Verhärtungen des Unterbauches sind erkennbar. Die meisten Hündinnen legen sich auf die Seite, bevor ein Welpe geboren wird, begleitet von einer erhöhten Herzfrequenz und Hecheln. Falls ein Welpe größer erscheint als erwartet, können verschiedene Maßnahmen ergriffen werden, wie das Helfen beim Weiten der Scheide oder das Greifen des Welpen, um ihn während der Kontraktionen nach unten zu ziehen. Die Vorblase, die den Geburtsweg schmiert und desinfiziert hat, platzt normalerweise vor der Geburt des ersten Welpen. In der Austreibungsphase werden Welpen meist in Vorderendlage (Kopf zuerst) geboren, während nur etwa 40 % in Hinterendlage (Popo zuerst) geboren werden.

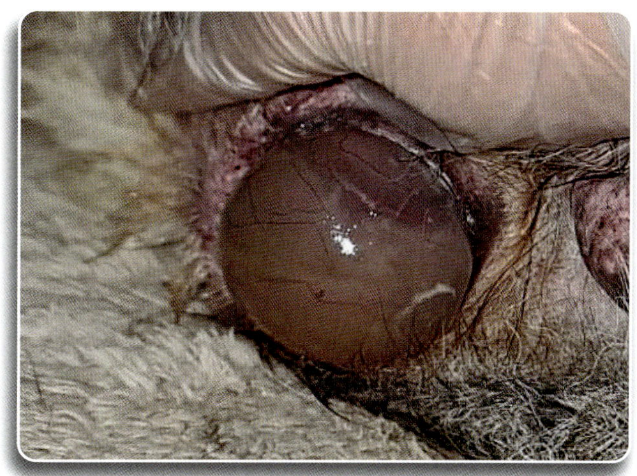

Beginn der Austreibungsphase

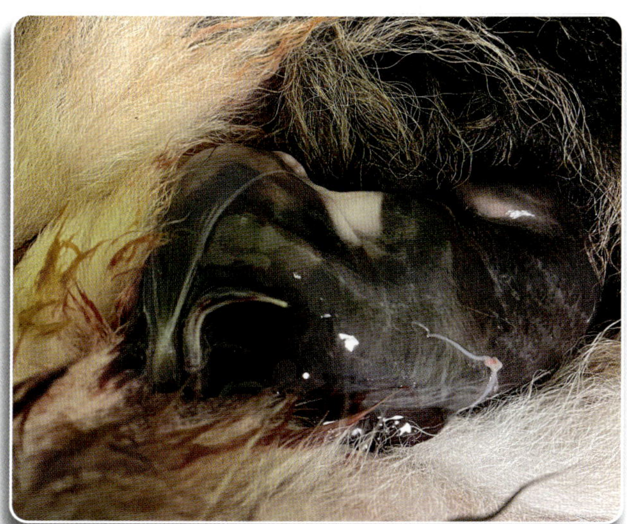

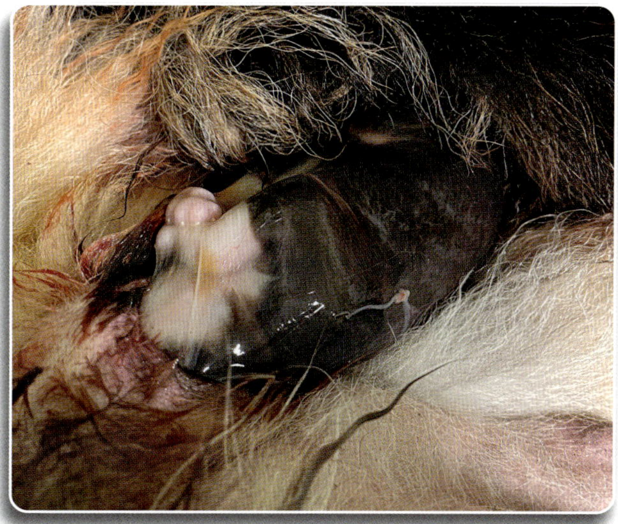

Auf diesen beiden Bildern sieht man deutlich, wie sich der Welpe noch in der Fruchtblase befindet.

3. Nachgeburtsphase

Die Nachgeburtsphase beginnt im Allgemeinen innerhalb von 15 Minuten nach der Geburt eines Welpen. Die Hündin stößt die Nachgeburt aus und verzehrt sie. Die letzte Nachgeburt sollte spätestens zwei Stunden nach der Geburt des letzten Welpen ausgestoßen werden. Es ist wichtig, die Nachgeburten auf Vollständigkeit zu überprüfen, da fehlende Nachgeburten zu Komplikationen führen können. Wenn Nachgeburten in der Hündin verbleiben, ist eine tierärztliche Behandlung erforderlich, um eine bakterielle Entzündung zu verhindern.

Die Geburt aller Welpen sollte in der Regel innerhalb von 24 Stunden abgeschlossen sein, wobei die Hündin bei anhaltenden Presswehen von bis zu zwei Stunden Hilfe benötigt. Studien haben gezeigt, dass Welpen normalerweise alle 30 Minuten geboren werden, wobei die Abstände gegen Ende etwas länger werden. Die Hündin sollte unbedingt die Nachgeburten fressen, da sie wichtige Energie und Hormone zur weiteren Unterstützung der Geburt enthält.

Achten Sie darauf, dass Sie vor der Geburt alles bereit haben, was Sie benötigen (könnten). Dazu zählen:

- Händedesinfektionsmittel
- Handtücher (ohne Weichspüler waschen!)
- desinfizierte Schere und Zwirn
- Einmalspritze (zum Absaugen von Schleim)
- Einmalhandschuhe
  (falls man Probleme mit Schleim und Blut hat)
- Küchenpapier
- Müllbeutel
- alte Bettlaken oder Ähnliches
- Heizkissen
- Waage
- Uhr

In der Regel hilft die Hündin dabei, den Welpen aus der Fruchtblase zu befreien.

Danach wird das Neugeborene sofort von der Mutter gesäubert.

- Notizbuch und/oder Wurfprotokoll
- Kugelschreiber
- Markierungsstifte oder Halsbänder
- Traubenzucker (zur Stärkung der Hündin und auch für die eignen Nerven)
- Frubiase (Kalzium-Ampullen aus der Apotheke)
- PuppyStim
- Welpenmilch und Flasche
- Wichtige Telefonnummern für den Notfall

Symptom	Dauer bis zur Geburt	Schwankung
Nestbauverhalten	3 bis 5 Tage	21 Tage bis eine Stunde
Schamschwellung	14 Tage	14 Tage bis ein Tag
Unruhe	2 bis 3 Tage	10 Tage bis 30 Minuten
Milch im Gesäuge	2 Tage	3 Tage bis 15 Minuten
Starkes Hecheln	24 Stunden	30 bis 8 Stunden
Erniedrigte Temperatur	12 Stunden	2 Tage bis 15 Minuten

In der Regel benötigt die Hündin keine Hilfe bei der Geburt, aber sollte es doch mal dazu kommen, dass die Hündin ihre Welpen nicht abnabelt, kommen Sie als Geburtshelfer zum Einsatz. Waschen Sie Ihre Hände gründlich mit Seife und einer Handbürste und desinfizieren Sie sie.

Um die Nabelschnur des Welpen zu durchtrennen, die wider Erwarten recht fest ist und mehr Widerstand bietet, als man vermuten würde, ist es ratsam, die eigenen Daumennägel zu verwenden. Durch Quetschen und Auseinanderreißen der Nabelschnur etwa 2 bis 3 cm von der Bauchdecke entfernt kann sie effektiv durchtrennt werden. Auf diese Weise erreicht man dasselbe Ergebnis wie eine Hündin, die mit ihren Reißzähnen die Nabelschnur zerbeißt, um die Blutgefäße zu quetschen und zu verschließen.

Obwohl Hündinnen beim Durchtrennen der Nabelschnur nicht gerade zimperlich sind, kann es Situationen geben, in denen man unterstützend eingreifen möchte, um potenzielle Verletzungen der Welpen oder eine Rissbildung in der Bauchdecke zu vermeiden. In solchen Fällen ist es hilfreich, der Hündin auf folgende Weise zu helfen: Nehmen Sie den Welpen vorsichtig in eine Hand und legen Sie diesen auf den Rücken, bedecken Sie mit der anderen Hand den Bauch und lassen Sie die Nabelschnur zwischen zwei Fingern hervorschauen, so kann die Hündin in Ruhe abnabeln, ohne den Welpen zu verletzten.
Sollten Sie die Nabelschnur selbst durchtrennen müssen und trauen es sich nicht mit den Fingernägeln zu, können Sie sie mit Zwirn abbinden (2 bis 3 cm von der Bauchdecke entfernt) und dann mit einer desinfizierten Schere durchtrennen.

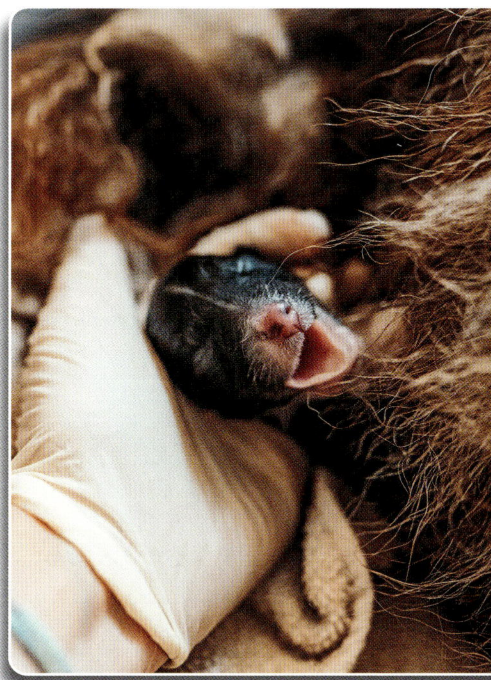

Manchmal kann es nötig sein, dass der Züchter etwas Geburtshilfe leistet.

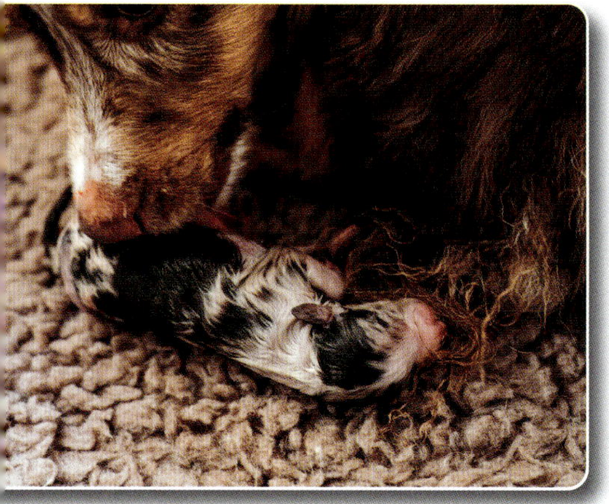

Sobald ein Welpe geboren ist, kümmert sich die Hündin liebevoll um ihren Nachwuchs.

Oft wird heute noch von Züchtern geraten, die Welpen kräftig trocken zu rubbeln. Bitte tun Sie das nicht, es kann sich negativ auf den Kreislauf auswirken. Trocknen Sie den Welpen lieber behutsam in alle Richtungen ab. Sollte ein Welpe mal keine Anzeichen von Leben zeigen, können Sie durch etwas kräftigeres Rubbeln versuchen, den Kreislauf in Gang zu bekommen. Saugen Sie eventuell vorhanden Schleim mit der Einmalspritze ab. Oft kann man so dem Welpen helfen, doch noch in unsere Welt zu finden. Manchmal kommt aber jeder Hilfe zu spät und wir können nichts mehr tun, so traurig es ist; auch das gehört leider dazu. Sie sollten dann die Daten jedes Welpen erfassen, wenn Sie kein Protokoll besitzen, können Sie folgende Daten selbst notieren wie im folgenden Beispiel:

Deckdatum: 14.02.2024
Wurfdatum: 16.04.2024

Weitere Bemerkungen: Kurze sichtbare Wehen, Fruchtblase 12.03 Uhr geplatzt Abkürzungen: VEL = Vorderendlage; Sec = Nachgeburt; HEL= Hinterendlage; ab = abgenabelt (durch den Züchter)

Nr.	Uhrzeit	R/H	Gewicht	Farbe	Rute	Verlauf
1	12:48	H	380 g	Red merle w/c	lang	VEL, Sec, ab
2	13:20	R	420 g	Blue merle w	NBT	HEL, Sec (nur minimal weiß)
3	14:00	H	280 g	Black bi	lang	VEL, Sec
4	14:23	H	352 g	Red tri	lang	VEL, Sec, (viel weiß am Kopf)
5	15:40	R	430 g	Red merle w	NBT	HEL, Sec, ab, Wolfskrallen

Wenn die Geburt beendet ist, werden die Welpen kurz in ein kleines Körbchen (am besten mit warmer, nicht heißer (!) Wärmflasche) oder Ähnlichem umgelagert, die Wurfbox von den dreckigen Bettlaken befreit, gereinigt und desinfiziert, damit Mama und ihre Welpen schnell wieder in die Wurfbox können.

◄ In den ersten Tagen lässt die Hündin ihre Welpen kaum aus den Augen.

Nach der Geburt

In den ersten zehn Tagen nach der Geburt geben wir unserer Hündin zusätzlich zur täglichen Futterration 1 Ampulle Frubiase Ca+ Trinkampulle, gegebenenfalls auch Arnica D6 und Traumeel, in einem 200-g-Becher Hüttenkäse oder Quark mit 40 % Fettgehalt. Die Geburt und das Säugen eines Wurfes bedeuten für die Hündin eine unglaubliche physische und psychische Leistung, vergleichbar mit Hochleistungssport, besonders bei Würfen mit mehr als acht Welpen. Die Welpen fordern unaufhörlich wechselnd ihre Nahrung, während die mütterliche Zunge ebenso unermüdlich für Sauberkeit und eine gute Verdauung sorgen muss. Die erste große Mahlzeit mit den Nachgeburten wirkt oft abführend aufgrund der gehaltvollen Nahrung. Es ist normal, dass ein bis zwei Tage nach der Geburt eine schwarze Output-Flüssigkeit ausgeschieden wird.

In den ersten Wochen nach der Geburt wird eine zähflüssige Ausscheidung aus Blut und Schleim erfolgen, was die natürliche Regeneration der Gebärmutter der Hündin widerspiegelt. Mit der Zeit verringert sich der Blutanteil. Ein Grund zur Besorgnis besteht nur, wenn gelblicher Eiter im Ausfluss auftaucht oder die Hündin über einen längeren Zeitraum nach der Geburt Fieber hat. Wir messen in den ersten 14 Tagen täglich mindestens einmal das Fieber der Hündin. Es ist wichtig zu beachten, dass die Körpertemperatur der Hündin nach der Geburt deutlich erhöht sein kann, normalerweise zwischen 39,2°C bis 39,8°C. Bei einem Anstieg über 40,0°C wird empfohlen, den Tierarzt zu konsultieren. Sollte die Temperatur nach den ersten drei Tagen nicht unter 39,0°C fallen, ist ebenfalls ein Besuch des Tierarztes ratsam.

Nach der Geburt steigt der Nährstoffbedarf der Hündin rapide an. Eine Hündin mit einem Körpergewicht von 20 kg benötigt ab dem 30. Trächtigkeitstag einen Zusatzbedarf von mindestens 3800 kJ pro Tag, mindestens 63,8 % mehr als der Erhaltungsbedarf. Dieser Bedarf erhöht sich weiter nach der Geburt, insbesondere abhängig von der Wurfgröße.

Neun auf einen Streich – da kommt was zu auf Hündin und Züchter.

Der intensive Stoffwechsel und der hohe Flüssigkeitsbedarf der Hündin für die Milchproduktion erhöhen den Bedarf an frischem Wasser erheblich. Über die Muttermilch werden die Welpen mit großen Mengen an Eiweißen, Fetten, Mineralstoffen und Vitaminen versorgt, die der Hündin über die Nahrung wieder zugeführt werden müssen.

Es ist vielen nicht bewusst, welche wertvollen Stoffe ihre Hündin kontinuierlich an die Welpen abgibt. Die Hundemilch weist im Vergleich zur Kuh- oder Ziegenmilch eine höhere Wertigkeit auf. Ihr Kaloriengehalt ist mehr als doppelt so hoch wie bei Kuh- oder Ziegenmilch. Der hohe Fett- und Proteingehalt, aber auch andere Werte, liegen wesentlich höher. Daher erfüllen Ziegen- und Kuhmilch nicht die Anforderungen an eine adäquate Aufzucht von Welpen. Studien zeigen, dass Welpen, die ausschließlich mit Ziegenmilch großgezogen wurden, im Gegensatz zu voll gestillten Welpen eine höhere Anfälligkeit für Krankheiten haben.

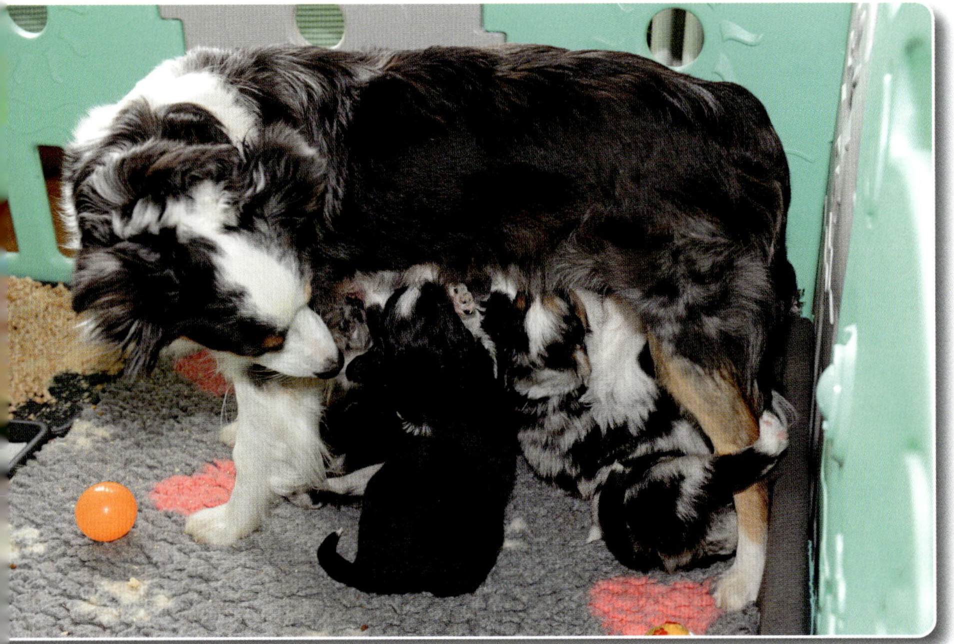

Das Säugen der Welpen erfordert eine große Menge an Nährstoffen, die der Hündin wieder zugeführt werden müssen.

Die Wertigkeit von Hundemilch ist von entscheidender Bedeutung für die gesunde Entwicklung der Welpen und sollte bei der Aufzucht berücksichtigt werden. Wichtig zu wissen: Bei Hündinnen mit akutem Kalziummangel kann es zu Muskelkrämpfen, Kreislaufproblemen bis hin zum Tod kommen, daher ist es wichtig, auf genügend Kalziumzufuhr zu achten. Die ersten Anzeichen sind Zittern, Unruhe, Winseln, ansteigende Atemfrequenz sowie starkes Hecheln. Handelt man nicht schnell, kommen Krämpfe dazu, hier ist vor allem auffallend das in der Hinterhand scheinbar keine Kraft mehr vorhanden ist und auch die Kaumuskeln geben nach, wodurch es zum extremen Speicheln kommt. Auch die Körpertemperatur kann hier schnell auf bis zu 42 °C steigen. Unbehandelt würde dieser Zustand zum Tod der Hündin führen.

Komplikationen

Leider kann es auch immer wieder zu Komplikationen kommen. Auf alle einzugehen, würden den Rahmen dieses Buches sprengen, dennoch möchte ich kurz auflisten, was es für Komplikationen geben kann.

Deckprobleme und Fruchtbarkeitsstörungen

Die meisten Hündinnen werden nach erfolgreichem Deckakt tragend, es gibt aber dennoch immer wieder Ausnahmen, wo eben die Hündin leer bleibt. Mit einer der häufigsten Gründe war, dass man nicht den passenden Tag gewählt hat (zu früh oder spät), daher empfiehlt es sich, einen Progesterontest zu machen, vor allem bei Hündinnen, die

- mehrfach nicht trächtig wurden,
- unregelmäßige Zyklen aufweisen,
- zu weißen Läufigkeiten (sieht und bemerkt man nicht) neigen,
- die gesamte Läufigkeit über auch Rüden dulden,

aber auch bei

- geplanten Deckakten im Ausland,
- Verpaarungen mit Rüden, die sehr häufig decken und dadurch die Spermienanzahl durch die häufigen Einsätze verringert sein kann,
- sowie künstlicher Befruchtung durch TK-Sperma.

Die weiße Läufigkeit

Von einer weißen Läufigkeit spricht man, wenn es keine Anzeichen für eine Läufigkeit gibt, auch keine Absonderung von Blut oder andere Flüssigkeiten. Selbst Rüden reagieren nicht darauf bis zu dem fruchtbaren Tag. So kann es unter Umständen zu einem ungeplanten Deckakt kommen.

Aber nicht nur bei den o.g. Punkten empfiehlt es sich, den Progesteronwert zu ermitteln; man ist damit einfach auf der sicheren Seite.

Gründe, wieso eine Hündin trotz passender Deckzeitbestimmung leer bleibt, kann es viele geben und sollten durch einen Tierarzt abgeklärt werden. Von einer abgebrochenen Läufigkeit bis hin zu einer Gebärmutterentzündung gibt es viele Möglichkeiten:

- Falscher Zeitpunkt: Die Hündin wurde außerhalb ihres fruchtbaren Zeitraums gedeckt, was zu einer Nicht-Trächtigkeit führen kann. Hündinnen haben nur zu bestimmten Zeitpunkten während des Östrus die Möglichkeit, befruchtet zu werden.
- Probleme beim Deckakt: Es kann vorkommen, dass der Deckakt nicht erfolgreich war, entweder aufgrund eines unvollständigen Einführens des Penis oder einer Störung während des Aktes, was zu ausbleibender Befruchtung führen kann. Auch ein Scheidenvorfall, mangelhafte Muskelerschlaffung oder Scheidenverengungen können hier der Grund sein.
- Unfruchtbarkeit der Hündin: Es besteht die Möglichkeit, dass die Hündin selbst unfruchtbar ist, entweder genetisch bedingt, aufgrund des Gesundheitszustands oder fortgeschrittenen Alters.
- Probleme mit der Eizelle: Unregelmäßigkeiten oder Defizite in der Reifung oder Qualität der Eizelle können zu einer Nicht-Trächtigkeit führen.
- Probleme beim Samen des Rüden: Probleme mit der Qualität des Samens des Rüden, wie niedrige Spermienzahl, geringe Beweglichkeit oder genetische Defekte, können zu einer ausbleibenden Trächtigkeit führen.

Achtung!
Bei all diesen hier im Folgenden beschriebenen Komplikationen ist eine frühzeitige Diagnose und angemessene Behandlung entscheidend, um das Wohlbefinden der Welpen und der Hündin zu gewährleisten. Es wird empfohlen, bei Verdacht auf Komplikationen sofort tierärztliche Hilfe in Anspruch zu nehmen.

- Gesundheitsprobleme bei der Hündin: Vorhandene gesundheitliche Probleme wie Infektionen, hormonelle Ungleichgewichte oder andere Erkrankungen können die Fähigkeit der Hündin zur Empfängnis beeinträchtigen. Vor allem Schilddrüsenprobleme und Progesteronmangel können hier der Grund sein.
- Zysten oder Tumore: Das Vorhandensein von Ovarialzysten oder Tumoren in der Gebärmutter kann die normale Entwicklung einer Trächtigkeit verhindern.

Komplikationen während der Geburt

Während der Geburt können bei einer Hündin verschiedene Komplikationen auftreten, die sowohl für die Mutter als auch für die Welpen gefährlich sein können, was gegebenenfalls einen Kaiserschnitt erfordert.

- Gebärmutterdrehung: Auch Uterusdislokation genannt. Hierbei verdreht sich die Gebärmutter um ihre Achse. Dies kann zu schwerwiegenden Komplikationen führen, darunter ein verstopfter Geburtskanal und eine unzureichende Sauerstoffversorgung der Welpen.
- Pathologische Vielfrüchtigkeit: Wenn eine Hündin eine übermäßige Anzahl an Welpen erwartet, kann es zu einer pathologischen Vielfrüchtigkeit kommen. Dies kann zu Engpässen im Geburtskanal führen und die Geburt komplizieren.
- Wehenschwäche: Sie tritt auf, wenn die Hündin Schwierigkeiten hat, effektive Wehen zu haben, um zu gebären. Dies kann zu prolongierten Geburten führen und die Gefahr von Infektionen erhöhen.
- Zu lange Presswehen: Sie können zu Erschöpfung bei der Hündin führen und das Risiko von Verletzungen sowohl für die Hündin als auch für die Welpen erhöhen.
- Geburtsstörungen: Sie können verschiedene Ursachen haben, darunter genetische Defekte, Verklemmungen im Geburtskanal aufgrund von Ungleichgewichten in der Größe des Welpen und dem Becken der Hündin, sowie Probleme mit der Platzierung oder Entwicklung der Welpen im Mutterleib.

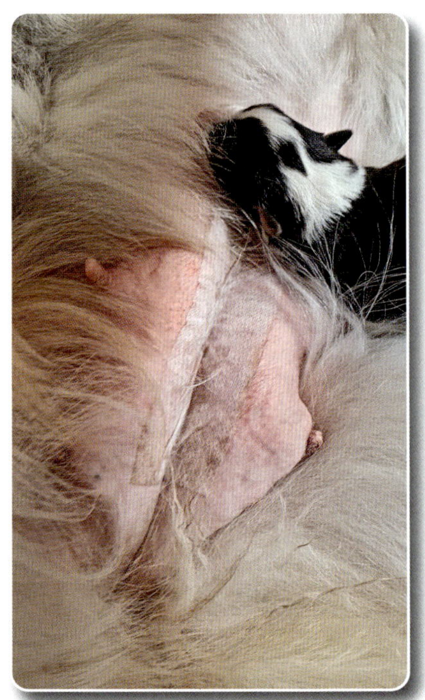

Manchmal ist ein Kaiserschnitt unvermeidbar. Die Hündin kann trotzdem ihre Welpen mit Milch versorgen.

- Störungen seitens der Welpen: Hierzu zählen Disproportionen in der Becken- oder Welpengröße. Sie können die normale Geburt behindern. Einfrüchtigkeit, bei der nur ein Welpe erwartet wird, oder andere Abnormitäten bei den Welpen können ebenfalls Komplikationen verursachen

Komplikationen nach der Geburt

Auch nach der Geburt kann es noch zu Komplikationen kommen.

- Gesäugeentzündung (Mastitis): Sie tritt auf, wenn sich eine oder mehrere Zitzen entzünden. Dies kann durch Infektionen, Verstopfungen der Milchgänge oder traumatische Verletzungen verursacht werden. Symptome können Schwellung, Rötung, Schmerzen und Fieber sein. Die Behandlung umfasst Antibiotika, Entleerung des betroffenen Bereichs und unterstützende Maßnahmen wie warme Kompressen; aber auch Quark kann zu Linderung führen.
- Plazentanekrose: Hierbei stirbt Gewebe der Plazenta ab, was zu Infektionen und Entzündungen sowie zu Blutungen, Fieber und allgemeinem Unwohlsein führen kann. Die Behandlung erfolgt in der Regel mit Antibiotika, um eine Infektion zu bekämpfen, und möglicherweise durch einen chirurgischen Eingriff, um betroffenes Gewebe zu entfernen.
- Gebärmutterentzündung (Metritis): Sie kann durch Infektionen nach der Geburt auftreten. Symptome sind Fieber, Ausfluss aus der Scheide, Appetitlosigkeit und allgemeines Unwohlsein. Die Behandlung umfasst Antibiotika, Flüssigkeitstherapie und gegebenenfalls chirurgische Eingriffe.
- Blutungen: Blutungen nach der Geburt können verschiedene Ursachen haben, einschließlich Gebärmutterverletzungen, Plazentaresten oder Gerinnungsstörungen. Schwere Blutungen erfordern sofortige tierärztliche Versorgung, die je nach Ursache auf unterschiedliche Weise erfolgt.

Auch für die Kleinen war die Geburt anstrengend. Diese sind aber wohlauf.

- Hypokalzämie (Milchfieber): Dies bedeutet, dass der Kalziumspiegel im Blut der Hündin gefährlich niedrig ist, was nach der Geburt aufgrund der Anforderungen der Milchproduktion auftreten. Symptome sind Krämpfe, Zittern, Schwäche oder Desorientierung. Die Behandlung beinhaltet die Gabe von Kalziumpräparaten und die Überwachung des Zustands der Hündin.

Komplikationen bei den Welpen

Nach der Geburt können verschiedene Komplikationen auftreten, die lebensbedrohlich für die Welpen sein können. Hier sind einige der häufigsten Komplikationen und ihre Symptome sowie mögliche Behandlungen aufgeführt.

- Sauerstoffunterversorgung: Diese kann auftreten, wenn ein Welpe nicht ausreichend Sauerstoff erhält, entweder während der Geburt oder danach. Dies kann zu Zyanose (Blauverfärbung der Schleimhäute), Schwäche, Atembeschwerden und Bewusstlosigkeit führen. Die Behandlung umfasst Sauerstofftherapie und möglicherweise Medikamente zur Unterstützung der Atmung.
- Energiemangel: Er kann bei einem Welpen zu Schwäche, verminderter Aktivität, niedrigem Blutzucker und Anfälligkeit für Infektionen führen. Die Behandlung beinhaltet die Verabreichung von Glukose oder anderen Energiequellen, um den Blutzuckerspiegel zu erhöhen und den Welpen zu stärken.
- Geburtsverletzungen: Hierzu zählen Quetschungen, Frakturen oder sogar innere Verletzungen. Die Symptome variieren je nach Art der Verletzung; Schmerzen, Schwellung und Unregelmäßigkeiten können auftreten. Die Behandlung hängt von der Schwere der Verletzung ab und kann von Schmerzmitteln bis zur chirurgischen Korrektur reichen.
- Durchfallerkrankungen: Durchfall bei Neugeborenen kann durch verschiedene Ursachen wie Infektionen, unverträgliche Futterstoffe oder Stress ausgelöst werden. Symptome sind wässriger Stuhl, Dehydrierung und Schwäche. Die Behandlung umfasst Flüssigkeitstherapie, Änderungen in der Fütterung und möglicherweise Medikamente gegen Infektionen.
- Toxisches Milchsyndrom: Dies tritt auf, wenn die Muttermilch giftige Substanzen enthält, die den Welpen schädigen können. Symptome sind Erbrechen, Durchfall, Zittern, Krämpfe und Atemprobleme. Die Behandlung besteht aus der sofortigen Entfernung der Welpen von der Mutter und unterstützender Behandlung.
- Blutungsneigung: Sie kann bei Neugeborenen verschiedene Ursachen haben, wie z. B. Gerinnungsstörungen oder Verletzungen während der Geburt. Symptome sind anhaltende Blutungen, Blässe, Schwäche und gesteigerte Herzfrequenz. Die Behandlung kann die Gabe von Blutgerinnungsfaktoren, Bluttransfusionen und die lokale Versorgung der Verletzung umfassen.
- Missbildungen: Sie können genetisch bedingt sein oder durch Umwelteinflüsse während der Trächtigkeit entstehen. Je nach Art der Missbildung können Symptome variieren und die Behandlung kann von unterstützenden Maßnahmen bis hin zu chirurgischen Eingriffen reichen.

Rezept-Tipp: Welpenbooster

Rinderleber ist nicht nur fettarm, sondern auch reich an Vitaminen, Spurenelementen und weist einen hohen Gehalt an Vitamin A auf. Dieses Rezept ist speziell auf Welpen zugeschnitten, die möglicherweise einen zusätzlichen Energieschub benötigen, sei es aufgrund von Krankheit, nach einer Impfung oder wenn sie geschwächt sind. Es ist jedoch wichtig zu betonen, dass dieser Booster den Besuch beim Tierarzt nicht ersetzen kann!

Für die Zubereitung benötigen Sie lediglich frische Rinderleber. Geben Sie die Leber in einen Topf mit 750 ml Wasser und lassen Sie sie köcheln, bis das Blut aus der Leber austritt. Anschließend entnehmen Sie die Leber aus dem Topf und lassen die Brühe abkühlen. Danach können Sie sie in Eiswürfelbehälter gießen und einfrieren. Auf diese Weise können Sie jederzeit einen Würfel entnehmen, auftauen und Ihrem Welpen anbieten. Der Booster kann auch für erwachsene Hunde verwendet werden, jedoch reicht in diesem Fall ein Würfel nicht aus. Die gekochte Leber können Sie bedenkenlos Ihrem Hund verfüttern oder auch selbst verzehren, sofern Sie dies mögen.

- Schwimmer-Syndrom: Dies ist eine angeborene Störung, bei der die Welpen flach auf ihrer Brust liegen und nicht in der Lage sind, zu stehen oder sich normal zu bewegen. Ursachen können Muskel- oder Skelettentwicklungsprobleme sein. Die Behandlung erfordert intensive Physiotherapie und spezielle Übungen, um die normale Entwicklung zu fördern.
- Bakterielle Infektionen: Sie können bei Neugeborenen zu schwerwiegenden Komplikationen führen. Symptome sind Fieber, Appetitlosigkeit, Schwäche und Infektionsherde. Die Behandlung umfasst Antibiotika und unterstützende Maßnahmen zur Stabilisierung des Welpen.
- Darminfektionen: Ursache können verschiedene Keime wie E. coli oder Salmonellen sein. Symptome sind Durchfall, Erbrechen, Dehydrierung und Bauchschmerzen. Die Behandlung umfasst Flüssigkeitstherapie, Antibiotika und spezielle Diäten.
- Lungenentzündung: Sie kann durch bakterielle, virale oder Pilzinfektionen verursacht werden. Symptome sind Atembeschwerden, Husten, Schwäche und Fieber. Die Behandlung umfasst Antibiotika, Beatmungstherapie und unterstützende Maßnahmen.
- Verschluckungspneumonie: Dies tritt auf, wenn Welpen Flüssigkeit oder Fremdkörper verschlucken, die in die Lunge gelangen und eine Entzündung verursachen. Symptome sind Husten, Atemnot, Fieber und Abgeschlagenheit. Die Behandlung kann die Entfernung von Fremdkörpern und unterstützende Atemtherapie umfassen.
- Nabelinfektion: Sie kann auftreten, wenn die Nabelschnur nicht ordnungsgemäß abheilt und Bakterien eindringen. Symptome sind Rötung, Schwellung, Ausfluss oder Abszesse um den Nabelbereich. Die Behandlung beinhaltet die Reinigung der betroffenen Stelle, Antibiotika und gegebenenfalls eine chirurgische Entfernung infizierten Gewebes.
- Neonatale Bindehautentzündung: Diese Augeninfektion bei neugeborenen Welpen kann durch Bakterien, Viren oder andere Keime verursacht werden.

Der Kleine hat sich schon prächtig entwickelt und entdeckt die Welt.

Symptome sind Rötung, Schwellung, Tränenfluss und Augenausfluss. Die Behandlung umfasst Augenspülungen, Antibiotika und sorgfältige Hygiene, um die Infektion zu kontrollieren.

- Herpesvirusinfektion: Sie kann bei neugeborenen Welpen schwerwiegende Komplikationen verursachen wie Atemwegsprobleme, neurologische Störungen und Augenentzündungen. Symptome sind Fieber, Atembeschwerden, Lethargie und Grind im Mundbereich. Die Behandlung umfasst eine unterstützende Therapie, antivirale Medikamente und spezielle Pflege.
- Magen-Darm-Würmer: Spulwürmer oder Hakenwürmer können bei neugeborenen Welpen zu schweren gesundheitlichen Problemen führen. Symptome sind Erbrechen, Durchfall, schlechter Appetit und Blähungen. Die Behandlung umfasst Entwurmungsmittel, die entsprechend dem Wurmtyp und dem Gewicht des Welpen verschrieben werden.
- Giardien: Diese einzelligen Parasiten können Magen-Darm-Probleme bei Welpen verursachen. Symptome sind Durchfall, Gewichtsverlust, Bauchschmerzen und unregelmäßiger Stuhlgang. Die Behandlung umfasst spezifische Antiparasitenmedikamente, Flüssigkeitstherapie und hygienische Maßnahmen zur Vermeidung einer erneuten Infektion.

Nabelbruch

Mit Nabelbruch, auch Nabelhernie genannt, ist eine Öffnung im Muskelgewebe gemeint, durch die Organteile oder Fett verlagert werden können. Es gibt innere und äußere Hernien sowie verschiedene Grade, darunter reduzierbare, eingeklemmte und strangulierte Hernien. Nabelbrüche treten beim Australian Shepherd und MAS zwar eher selten auf, es kann aber vorkommen. Dann stellt sich die Frage, ob die Hernia umbilicalis sofort operiert werden muss oder eine Chance auf spontane Heilung besteht.

Mein Züchtertipp!
Um Würmer und Giardien vorzubeugen, sollte ab der 2. Lebenswoche alle 14 Tage mit Panacur und einem anderen Wurmpräparat im Wechsel entwurmt werden. Es empfiehlt sich, die Mutter ebenfalls zu entwurmen, da die Welpen durch die Milch bei Befall wieder infiziert werden können.
Sollte es einen Giardienbefall geben, wird er in der Regel mit Panacur behandelt; dies ist langwierig und greift die Magenschleimhaut sehr an. Die Erfahrung hat gezeigt, dass eine einmalige Gabe von GambaMix (1 Tabl. pro 500 g) schon ausreicht, um Giardien direkt loszuwerden. Diesen Tipp dürfen Tierärzte nicht geben, da GambaMix nicht für Hunde, sondern nur für Tauben zugelassen ist. Die Methode wird bei Züchtern aber schon viele Jahre erfolgreich angewandt. Sie schont die Magenschleimhaut und ist weniger mit Nebenwirkungen behaftet. Nach einer Behandlung von Giardien sollten Sie der Magenschleimhaut etwas Gutes tun und Sie mit Präparaten wie z. B. CaniKur unterstützen.

Entstehung eines Nabelbruchs: Die Nährstoffversorgung des Welpen erfolgt vor der Geburt über die Nabelschnur. Nach der Geburt trocknen die Nabelschnurreste ein und das Loch in der Bauchmuskulatur sollte sich durch Bindegewebe schließen. Ein Nabelbruch entsteht, wenn sich diese Öffnung nicht vollständig schließt.
Ursachen: Eine zu große Nabelöffnung, schwaches Bindegewebe oder genetische Faktoren können die Ursache sein. Bei ausgewachsenen Hunden können Nabelbrüche auch durch Verletzungen und Bindegewebsschwäche entstehen.
Erkennung eines Nabelbruchs: Eine weiche Beule am Unterbauch, erbsen- bis pflaumengroß, die während des Kotabsatzes stärker hervortritt, könnte auf einen Nabel-

bruch hinweisen. Achten Sie auf Symptome wie Erbrechen und Schmerzen.
Durch einen Nabelbruch können auch Darmschlingen eingeklemmt werden, was zu Darmverschluss führen kann. Dies ist ein Notfall, der sofort von einem Tierarzt behandelt werden muss.
Untersuchung: Die Bruchstelle wird vom Tierarzt abgetastet. Mithilfe von Ultraschall kann festgestellt werden, ob nur Fettgewebe oder auch Organteile nach außen verlagert sind.
Diagnose: Der Tierarzt unterscheidet zwischen inneren und äußeren Hernien sowie nach dem Grad der Hernie. Eine Operation ist oft notwendig, besonders bei eingeklemmten oder strangulierten Hernien.
Therapiemöglichkeiten: Bei kleinen Hernien, bei denen nur Fettgewebe betroffen ist, kann eine Operation bei einer Kastration erfolgen oder es kann dabei belassen werden, wenn der Hund nicht kastriert werden soll. Wenn jedoch ein bis drei Finger durch die Bruchpforte passen, sollte sofort eine Operation erfolgen, um das Risiko einer strangulierten Hernie zu minimieren. Bei einem akuten Notfall aufgrund von Schmerzen ist eine sofortige Operation unumgänglich, um das Absterben von Darmschlingen zu verhindern, da strangulierte Hernien immer tödlich verlaufen, wenn keine chirurgische Intervention erfolgt. Wenn kein Notfall vorliegt, sollten Nabelhernien erst nach der 8. Lebenswoche operiert werden. Kleinere Nabelbrüche können spontan abheilen, während größere Hernien eine chirurgische Behandlung erfordern. Eine frühzeitige Diagnose und angemessene Behandlung sind entscheidend für die Genesung und Gesundheit des Tieres.
Alternative und unterstützende Therapien: Zur Stärkung des Bindegewebes können Schüssler Salze verabreicht werden, um die spontane Heilung zu fördern. Calcium fluoratum D12 (Nummer 1) kann das Bindegewebe stärken, Ferrum phosphoricum D12 (Nummer 3) das Immunsystem aufbauen und Entzündungsrisiken verringern und Silicea D12 (Nummer 11) das Bindegewebe, Haut und Haare stärken. Die Dosierung beträgt für Welpen ½ Tablette pro Tag und für ausgewachsene Hunde 1 Tablette pro Tag. Die Tabletten können in Wasser aufgelöst oder über das Futter verabreicht werden.

Homöopathie für Hündin und Welpen

Da viele Züchter auf Homöopathie schwören, möchte ich Ihnen die gängigsten Mittel für Trächtigkeit und Geburt mit an die Hand geben.

Präventivmaßnahmen

- Vorangegangene Fehlgeburten: Viburnum opulis D30 (Schneeball)

In den ersten zwei Schwangerschaftswochen gegeben, schützt es vor Fehlgeburten, speziell für die Hündin, die bereits einen Abort hatte.

- Vorangegangene Schwergeburten: Caulophyllum D30 (Frauenwurz/Blauer Hahnenfuß). Ähnelt in seiner Wirkung dem in der Neurohypophyse (Hinterlappen der Hirnanhangsdrüse) gebildeten Hormon Oxytocin, das die Wehen auslöst. Caulophyllum wird daher auch „das homöopathische Wehenmittel" genannt. Wirkt auf die schwache glatte Gebärmuttermuskulatur, öffnet den Muttermund und sorgt für einen normalen Schwangerschaftsverlauf. Unterstützt das Ausstoßen einer zurückgehaltenen Plazenta, verhindert Uterusblutungen.

Sollte aber niemals ohne Absprache mit einem Tierheilpraktiker und Tierarzt verabreicht werden! Während der Trächtigkeit: 1 Gabe alle 2 Wochen, die letzte Dosis am Vortag der Geburt. Komplikationen während des Geburtsvorganges: mehrere Gaben halbstündlich

Wurfvorbereitung

- Pulsatilla D6 (Küchen-/Kuhschelle)

Ab der 6. Trächtigkeitswoche täglich 1 Dosis. Steuert einer Unterfunktion des Eierstocks entgegen, verhindert eventuelle Fehllage des Fötus und beugt einer Wehenschwäche vor. Pulsatilla hat großen Einfluss auf die Schleimhäute und wirkt daher positiv auf eine zurückgehaltene Plazenta.

- Arnica D30 (Arnika)

Das Operations-/Geburtsvor- und Nachbereitungsmittel der 1. Wahl. Fördert die Wundheilung und verhindert Nachblutungen. In der letzten Trächtigkeitswoche 2 Gaben als Geburtsvorbereitung erleichtert die Geburt. Verhindert, dass das Gewebe während der Geburt zerstört wird. Droht ein Frühabort durch einen Unfall oder Stoß, so wird Arnica D2 (Dilution), 10 Tropfen alle halbe Stunde, die Gefahr ggf. abwenden.

Geburtsbeginn

- Liegt kein Geburtshindernis vor, die Welpen erscheinen jedoch in zu langen Abständen, lässt sich die Wehentätigkeit durch halbstündliche Gaben von Cimicifuga rac. D6 (Wanzenkraut) aktivieren. Wirkt hauptsächlich auf die weiblichen Geschlechtsorgane und das Nervensystem, beeinflusst die Gebärmutterkontraktionen während der Geburt.
- Bei Wehenschwäche zur Förderung der erneuten Wehentätigkeit geben wir in viertelstündlichem Wechsel: Caulophyllum D6 (Frauenwurz), siehe oben, und Secale cornutum D6 (Mutterkorn), das die glatte Muskulatur der Gebärmutter stark kontrahieren lässt.

Kommt die Geburt dennoch nicht richtig in Gang, sollte sie den Tierarzt kontaktieren!

- Ist man sich nicht sicher, ob noch ein Welpe in den Uterushörnern verblieben ist, gibt man in halbstündlichem Abstand Cimicifuga D6 (Wanzenkraut), jedoch nur insgesamt 5-mal. Hierdurch wird ein erneutes Pressen bei der Hündin ausgelöst.

Nachsorge

- Eine Gabe Sepia off. D30 nach der Geburt sorgt dafür, dass kein Gebärmuttervorfall entsteht und sich der Uterus schnell wieder strafft.
- Der Hündin gibt man bis zum Ende des Wochenflusses (Lochien) einige Tage lang 3-mal täglich Arnica D6, damit sie sich rascher von den Strapazen der Geburt erholt und die Geburtswege sich schneller zurückbilden.
- Dauerte die Geburt äußerst lange, ist die Hündin sehr geschwächt und hat sehr viel Körperflüssigkeit verloren, geben wir China C30 (Chinarindenbaum) 1-mal täglich. China hilft bei großer Schwäche nach starken Flüssigkeitsverlusten und Erschöpfung. Wärme bessert, Kälte verschlechtert.

Probleme nach der Geburt

- Milchmangel: Ist keine Milch in die Zitzen eingeschossen, hilft eine einmalige Dosis von Urtica urens D1 oder D6 (Brennnessel), um die Milchproduktion anzuregen.
- Milchüberschuss: Hat die Hündin zu viel Milch, die nicht abgesaugt werden kann, was eventuell zu einer Mastitis (= Gesäugeentzündung) führen könnte, verabreicht man ihr Urtica urens C30 alle 6 Stunden (auch nachts). Urtica urens wirkt auf Haut, Nieren und Brustdrüsen. In tiefen Potenzen (bis zur Urtinktur) fördert es die Milchproduktion und hat diuretische Wirkung (= erhöhte Harnausscheidung), in hohen Potenzen (ab C30) stoppt es den Milchfluss.

- Eklampsie (= Laktationstetanie): Eklampsie kann schon während oder sofort nach der Geburt auftreten, meist jedoch 10 bis 14 Tage oder noch Wochen danach. Auslöser ist ein Anstieg des Kalzium- und Magnesiumspiegels in der Milch. Ursache ist eine Störung des Kalzium- und Magnesiumstoffwechsels verbunden mit einer Unterfunktion der Nebenschilddrüsen. Erste Anzeichen sind Nervosität, dann Versteifung der Beinmuskulatur bis zu Muskelzittern, schließlich wird das zentrale Nervensystem in Mitleidenschaft gezogen (groteske Kopfhaltung). Nach Injektion einer Kalziumlösung (intravenös/subkutan) klingen die Symptome wieder ab. Zur Vorbeugung gibt man der Hündin am Tage nach der Geburt Calcium phosphoricum D30.
- Gesäugeentzündung: Hier helfen stündliche Gaben von Aconitum napellus D12 (Blauer Eisenhut), Belladonna D6 oder D30 (Tollkirsche). Leitsymptome sind geweitete Pupillen und heiße, gespannte Brustdrüsen.
- Apis mellifica D3 oder D30 (Honigbiene): Sollte die Infektion auf das umliegende Gewebe übergreifen und ödematös (= Wasseransammlung im Gewebe) werden, die erkrankten Tiere auch bei Fieber keinen Durst zeigen, gibt man es im stündlichen Wechsel mit Belladonna.
- Bryonia Alba D6 – D30 (Zaunrübe): Wenn die Brustdrüse auffallend hart, schmerzhaft und gerötet ist, alle 2 Stunden geben. Leitsymptome: Bewegung verschlimmert, die Hündin verhält sich auffallend ruhig, Druck auf die erkrankte Drüse bessert (= Hündinnen liegen auf kranker Seite).
- Metrovetsan (DHU) ist das erste Mittel der Wahl für wenigstens 8 bis 10 Tage nach der Geburt. Es fördert die schnelle Reinigung, den Abgang noch vorhandener Nachgeburten und die Rückbildung der Gebärmutter. In den ersten Tagen geben Sie 3-mal täglich 5 bis 8 Tropfen und „schleichen“ sich dann langsam durch seltenere Gaben aus der Behandlung aus.
- Hepar sulfuris D6 – D200 (Kalkschwefelleber): Hepar ist das ideale Mittel bei eitrigen Prozessen. Das Tier reagiert äußerst empfindlich auf Druckschmerz. Tiefpotenzen mehrmals gegeben fördert die Eiterbildung des Abszesses bis zur Reifung, Hochpotenzen ab D200 lassen den Abszess aufplatzen und leiten den Heilungsprozess ein.
- Silicea D12 (Kieselsäure): Das Mittel der Wahl nach eitrigen Prozessen, zur Ausheilung 3-mal täglich einige Tage lang. Sofern nicht anders angegeben Tabletten (zwischen 2 TL zerreiben) oder Globuli auf oder unter die Zunge des Hundes. Mit Calendula-Umschlägen (1 TL auf 1 Glas abgekochtes Wasser) kann man den Heilungsprozess unterstützen.
- Bei Milchmangel nutzen wir Lactovetsan-N (DHU), um die Milchbildung anzuregen. Auch Einzelmittel haben sich bewährt, die aber genau auf das Bild passen müssen.

Alles ohne Komplikationen überstanden!

Die richtige Aufzucht

Eine gute Aufzucht ist der bedeutendste Grundstein für einen Welpen, da er den weiteren Lebensweg beeinflussen wird. Daher ist es wichtig, dass Sie dem Welpen zwar möglichst viele Reize bieten, ihn aber auch nicht überfordern und dass er lernt zu ruhen. Ein guter Schritt ist da die frühzeitige neurologische Stimulation.

Neurologische Stimulation

Neurologische Frühstimulation beim Welpen ist ein wichtiger Prozess, der die Entwicklung des Hundes maßgeblich beeinflusst. Die Grundlage dieses Prozesses, auch bekannt als Bio-Sensor-Stimulation, beruht auf der Erkenntnis, dass nur etwa 35 % der Leistungsfähigkeit eines Welpen durch Genetik bestimmt werden, während die restlichen 65 % von Training, Ernährung, Förderung und Stimulation abhängen. Es wurden zahlreiche Studien durchgeführt, die zeigen, wie wichtig eine angemessene Stimulation und Förderung in der frühen Entwicklungsphase für Kinder wie auch für Welpen ist. Kinder, die in einer Umgebung mit wenig Stimulation und Förderung aufwachsen, zeigen häufig geringere Intelligenz, Leistungsbereitschaft, weniger Selbstwertgefühl und Stressresistenz im Vergleich zu Kindern, die in einer fördernden Umgebung aufwachsen.

Auch wenn die Augen noch verschlossen sind, kann die Entwicklung der Welpen durch Stimulation positiv beeinflusst werden.

Die Neurologische Frühstimulation beinhaltet bestimmte Übungen, die zwischen dem 3. und 16. Lebenstag des Welpen durchgeführt werden, während sich die Welpen in der vegetativen Phase befinden, in der Augen und Ohren noch verschlossen sind. Diese Übungen, die von der amerikanischen Armee für die Züchtung von Militärhunden entwickelt wurden, sollen das Nervensystem des Welpen frühzeitig stimulieren, um die zukünftige Stresstoleranz zu verbessern.
Die fünf Übungen umfassen Taststimulation, aufrechte Kopfhaltung, Kopf nach unten halten, Rückenlage und Thermostimulation. Diese Übungen sollen täglich durchgeführt werden, jeweils für 3 bis 5 Sekunden, um eine optimale neurologische Stimulation zu gewährleisten.
Die Vorteile des Bio-Sensor-Programms sind vielfältig und umfassen eine verbesserte Herzfrequenz, stärkere Nebennieren, erhöhte Stresstoleranz, verbessertes Immunsystem, verbesserte soziale Fähigkeiten, aktivere Hunde und eine gesteigerte Erkundungsfreude.
Es ist wichtig, diese Übungen mit Vorsicht durchzuführen, da eine Überstimulation des neurologischen Systems negative Auswirkungen haben kann. Die Neurologische

Frühstimulation sollte als Ergänzung zu regulären Aktivitäten wie Spielen, Streicheln, Sozialisierung und Bindung betrachtet werden.
Studien zeigen, dass Welpen, die diesen neurologischen Übungen ausgesetzt waren, aktiver und erkundigungsfreudiger waren und in Lerntests bessere Leistungen erzielten als ihre nicht stimulierten Geschwister. Sie zeigten auch mehr Ruhe und eine bessere Stressresistenz im Vergleich zu nicht stimulierten Welpen.

Die Übungen

1. Taststimulation

Sie halten den Welpen in der einen Hand und stimulieren ihn mit der anderen mit einem Wattestäbchen zwischen den Zehen einer beliebigen Pfote.

2. Aufrechte Kopfhaltung

Sie halten den Welpen mit beiden Händen aufrecht senkrecht zum Boden mit dem Kopf in einer Linie direkt über der Rute.

3. Kopf nach unten halten

Sie halten mit beiden Händen den Welpen so, dass der Kopf nach unten zeigt, senkrecht zum Boden.

4. Rückenlage

Sie halten den Welpen so, dass sein Rücken auf beiden Handflächen liegt und die Schnauze zur Decke zeigt. Der Welpe darf so lange schlafen oder strampeln.

Ein Bällebad stimuliert die Sinne des Welpen.

5.Thermostimulation

Der Welpe wird mit allen Pfoten auf ein feuchtes Handtuch gesetzt, das mindestens 5 Minuten im Kühlschrank gekühlt wurde. Der Welpe soll nicht an der Fortbewegung gehindert werden!

Dies ist der erste Weg in Richtung Aufzucht und Sozialisierung. Bei der Aufzucht sollten Sie darauf achten, dass Sie bei den Welpen, neben den ganzen Spielereien, auch darauf achten, dass Ihr Wurf Ruhe lernt und nicht immer nur gefordert wird. Denn auch das ist häufig ein Problem. Züchter meinen es gut und machen ganz viel mit ihren Welpen und die Welpenkäufer erhalten einen völlig reizüberfluteten Welpen, der kaum bis gar nicht zur Ruhe findet. Auch hier heißt das Zauberwort: „Ruhe!“

Entwicklung des Hundewelpen

Die Entwicklung von Hundewelpen ab der Geburt ist ein faszinierender Prozess, der Schlüsselphasen umfasst, in denen die Welpen wichtige Meilensteine erreichen. Von der Geburt bis zur 8. Woche durchlaufen die Welpen eine Reihe von Entwicklungsstadien, die ihre körperliche, sensorische und soziale Entwicklung beeinflussen. In den ersten zwei Wochen sind die Welpen hilflos und auf die Fürsorge der Mutter angewiesen, während sie langsam ihre Sinne entwickeln. Mit dem Öffnen der Augen in der 2. Woche beginnen sie, ihre Umgebung wahrzunehmen und erste Gehversuche zu unternehmen. In den folgenden Wochen gewinnen die Welpen an Mobilität, spielen miteinander und erlernen wichtige Fähigkeiten wie das Absetzen von Kot und die soziale Interaktion. Die Phase von der 6. bis zur 8. Woche kennzeichnet den Übergang von der Abhängigkeit von der Muttermilch zur festen Nahrung und eine verstärkte soziale Interaktion mit Geschwistern und Menschen. Es ist entscheidend, die Entwicklung von Hundewelpen in diesen frühen Lebensphasen zu verstehen, um sicherzustellen, dass sie die erforderliche Pflege und Sozialisierung erhalten, um zu gesunden und glücklichen erwachsenen Hunden heranzuwachsen.

Diese Welpen werden später bestimmt kein Problem mit Katzen haben.

Nützliches im Alltag

Die Aufzucht ist simpel und komplex zugleich, man muss ein gutes Gleichgewicht zwischen Förderung und Ruhe finden, wenn Sie dies beherzigen, werden Sie einen treuen Begleiter in die Welt schicken.
Welpen, die nur den Zwinger und ein Zimmer kennen, sind in der Regel extrem ängstlich und unsicher, oft ein Leben lang. Hier gilt nicht die Devise: Weniger ist mehr.

- **Auslauf draußen**

Hier lernen die Welpen schon alltägliche Geräusche und Untergründe kennen. Idealerweise haben Sie im Auslauf Dinge wie eine Wackelbrücke, Tunnel, Bällebad und Spielzeug.

- **Fremde Menschen**

Auch jetzt ist es schon wichtig, dass Ihre Welpen wissen, es gibt nicht nur Sie. Aber Achtung: Nicht vor der 4. Woche!

- **Andere Tiere**

Auch andere Tiere können die Sozialisierung positiv beeinflussen. Beachten Sie aber, dass Welpen noch sehr tapsig sind und keine potenziellen Gefahren sehen. Sie also in einer Pferdeherde laufen zu lassen, ist eine eher blöde Idee. Achten Sie bei Katzen darauf, dass diese die Welpen nicht mit ihren Krallen verletzen.

Achtung!
Orte wie gut besuchte Bahnhöfe, Innenstädte mit Menschenmassen, Jahrmärkte oder andere stressige Situationen sollten Sie meiden. Oft richtet man damit nur mehr Schaden als Nutzen an.

Die Entwicklung

- **Neonatale Phase (1. bis 2. Woche)**: Welpen sind blind und taub, suchen aktiv nach Muttermilch, erste prägende Lernprozesse.
- **Übergangsphase (ab 3. Woche)**: Augen und Ohren öffnen sich, Interaktion mit Umwelt und Geschwistern, Muskelaufbau, Beginn der Sozialisation.
- **Sozialisierungsphase (ab 4. Woche)**: Prägend für das Sozialverhalten, positive Erfahrungen sammeln, erstes Training, Vorbereitung auf den Einzug ins neue Zuhause.
- **Juvenile Phase (ab 16. Woche)**: Zahnwechsel, Start des Geschlechtsreifeprozesses, Fortsetzung der Erziehung, Wachstum verlangsamt sich.
- **Adoleszente Phase (6. bis 12. Monat)**: Beginn der Geschlechtsreife, pubertäres Verhalten, Weiterführung der Erziehung trotz herausfordernder Zeit.
- **Adulte Phase (ab 3. Lebensjahr)**: Ausgereiftes Verhalten und Charakter, lebenslanger Lernprozess, Wichtigkeit von Training und Kontinuität.

• Kleine Ausflüge

Auch kleine Ausflüge tun den Welpen gut. Da Ihre Welpen in der Regel aber noch nicht geimpft sind, sollten Sie Gegenden meiden, wo sich viele Hunde oder auch Wild aufhalten, um Infektionskrankheiten vorzubeugen.

• Halsband und Leine

Legen Sie Ihren Welpen immer mal schon Halsband/Geschirr um, damit sie ein Gefühl dafür bekommen. Auch kleine Spaziergänge an der Leine können nicht schaden.

Das Spielen mit den Geschwistern ist schon wichtig für eine gute Sozialisierung. ▶

Fütterung

Auf das Thema Fütterung möchte ich nur kurz eingehen, denn hier hat jeder seine eigene Meinung. Der Nährstoffbedarf von Welpen muss auf alle Fälle gedeckt sein, unabhängig davon, ob Sie mit Barf, Nass- oder Trockenfutter füttern. Jede Art von Futter hat ihre eigenen Vorteile und es liegt an jedem Hundebesitzer, die Entscheidung zu treffen, was am besten für seinen Wurf geeignet ist. Beim Barfen müssen Besitzer bei den Zutaten besonders darauf achten, dass die ausgewogene Ernährung gewährleistet ist. Nassfutter kann ebenfalls eine gute Wahl

Auf die richtige Ernährung kommt es an!

sein, da es Feuchtigkeit enthält, die für die Welpen wichtig ist. Trockenfutter kann praktisch sein und die Zahngesundheit fördern. Im Zweifelsfall ist es ratsam, mit einem Tierarzt zu sprechen, um sicherzustellen, dass die Welpen die richtige Ernährung erhalten.
Wir fangen bei unseren Welpen mit der 3. Woche an, Welpenmilch anzubieten. Diese ersetzen wir danach durch eingeweichtes Trockenfutter oder gewolftes Barf. Unsere Welpen lernen sowohl Trockenfutter als auch Barf kennen, damit sie später weniger Probleme bei der Umstellung haben.
Bitte geben Sie den neuen Besitzern immer etwas Futter von Ihnen mit, damit eine eventuelle Nahrungsumstellung nicht zu Durchfall führt. Leider haben wir es schon oft erlebt, dass direkt das Futter umgestellt wird und der Züchter nachher als „böse" betitelt wird, weil man einen Hund mit Durchfall bekommen hätte.
Klären Sie auf, dass eine sofortige Umstellung nicht gut für den Welpen ist und auch ein ständiger Wechsel der Futtersorten nicht zu empfehlen ist, da es im schlimmsten Fall zu Unverträglichkeiten führen kann.
Als Züchter darauf zu bestehen, dass man ein bestimmtes Futter füttert und dies sogar vertraglich festhalten möchte, macht einen Züchter eher unseriös, genau wie einem Welpenkäufer aufzwingen zu wollen, seinen Hund nicht impfen oder chemisch behandeln zu lassen. Lassen Sie sich als Welpenkäufer von solchen Klauseln nicht einschüchtern, denn diese sind nicht gültig und kein Züchter dieser Welt würde damit vor Gericht durchkommen. Haben Sie einen Welpen erworben, ist er Ihr Eigentum. Solange Sie den Hund artgerecht füttern, kann Ihnen weder ein Züchter noch ein Gericht oder Veterinäramt etwas anhaben. Wieso ich das erwähne? Man sammelt in fast 20 Jahren Zucht viele Erfahrungen, einige davon sind solche, die ich selbst zwar nie erlebt habe, aber mir von geschädigten Welpenkäufern berichtet wurden. Wir Züchter wollen nur das Beste für unsere Zwerge, aber wir sollten dabei nicht über das Ziel hinausschießen.

Diese beiden müssen noch ein paar Wochen warten, bis sie in ihr neues Zuhause einziehen.

Welpenabgabe

Die Zeit ist gekommen und es geht darum, Welpenkäufer zu betreuen und die Welpen in die weite Welt zu entlassen. Es ist ein sehr emotionales Thema, dabei sollten wir die rechtliche Seite nicht vergessen.
Bereiten Sie am besten im Vorfeld schon einen Vertrag vor. Ein Rechtsanwalt, der sich mit Hundezucht auskennt, kann Ihnen hier weiterhelfen. Bedenken Sie, dass es immer sinnvoll ist, einen individuellen Vertrag aufzusetzen, statt einen Vertrag, der für all Ihre Würfe gleich ist. Dies könnte für Sie, wenn es mal zu Streitigkeiten kommt, Nachteile haben.
In Deutschland haben Vertragsparteien im Grundsatz Vertragsfreiheit. Das bedeutet, dass sie in ihren Verträgen Beschränkungen, Verbote, Klauseln zum Weiterverkauf und andere Bedingungen wirksam festlegen können. Diese Abmachungen müssen jedoch bewusst und freiwillig getroffen werden, also ausgehandelt sein, damit sie gültig sind. Solche Verträge bezeichnet man als Individualverträge.
Eine andere Situation ergibt sich bei sogenannten Allgemeinen Geschäftsbedingungen (AGB). Diese liegen vor, wenn Vertragsbedingungen bereits im Voraus für eine Vielzahl von Verträgen formuliert wurden und eine Vertragspartei sie der anderen vorgibt (§ 305 BGB). Bei Verträgen zwischen Verbrauchern und Unternehmern genügt bereits die erstmalige Verwendung seitens des Unternehmers (§ 310 BGB).
Das bedeutet viel Arbeit. Nicht nur Vorkontrollen oder sorgsame Auswahl seiner Welpenkäufer, nicht nur regelmäßige Nachkontrollen, jeder einzelne Vertrag müsste zur Wirksamkeit bestimmter Klauseln individuell ausgehandelt werden. Aber was tut man nicht alles für das Wohl seiner Hunde und seiner Welpen. Und wie schon erwähnt, überlegen Sie sich, ob Sie Ihre Meinung Ihren Welpenkäufer aufzwingen wollen. Nur weil Sie Ihr Futter für das beste Futter halten, muss ein anderes nicht schlecht oder gar schädlich sein.

Wenn Sie bei Welpenkäufern ein schlechtes Gefühl haben – vielleicht wissen Sie nicht einmal wieso –, scheuen Sie sich nicht abzusagen. Ich kann aus Erfahrung sagen, bisher hat mich mein schlechtes Gefühl nie getäuscht.
Überlegen Sie sich auch vorher, ob Sie bereit sind, Ihre Welpen im Fall der Fälle zurückzunehmen. Überlegen Sie, wie Sie dies handhaben möchten, ob Sie überhaupt die Möglichkeit hätten, einen weiteren Hund spontan bei sich aufzunehmen. Und vergessen Sie vor allem nicht, dass Sie zwei Jahre für Ihre Hunde Gewährleistung geben müssen. Sollte der Hund an etwas erkranken, woran Sie nachweislich schuld sind, haften Sie für die entstandenen Kosten. Zucht ist nicht immer rosarot, wie Sie vielleicht bemerkt haben, daher ist es wichtig, auf solche Dinge vorbereitet zu sein.

Ein Künstler
Ein guter Australian Shepherd-Züchter ist wie ein Künstler, der mit Leidenschaft und Hingabe arbeitet, um das Beste hervorzubringen. Doch wie jeder Künstler ist auch ein Züchter nicht perfekt. Fehler zu machen ist menschlich, aber wahre Größe zeigt sich darin, die Verantwortung für diese Fehler zu übernehmen und transparent damit umzugehen. Ein Züchter, der sich seinen Fehlern stellt und aus ihnen lernt, verdient Respekt und Anerkennung, denn nur durch Offenheit und Ehrlichkeit kann echter Fortschritt entstehen.

Aber wenn Sie und die Welpenkäufer von Anfang an offen und ehrlich miteinander kommunizieren, wird Ihnen einiges an Ärger erspart bleiben. Das wünsche ich Ihnen vom ganzen Herzen, denn wir wollen im Grunde doch alle nur das eine: Das Beste für „unsere Babys".

Endlich angekommen!

Mögliche Erkrankungen

Wie bei jeder anderen Rasse auch gibt es beim Australian Shepherd und Miniature American Shepherd erblich bedingte Krankheiten, aber auch Erkrankungen, die nicht oder nur teilweise erblich bedingt auftreten.

Erblich bedingte Erkrankungen können durch vernünftige Zucht ausgeschlossen werden, da bestenfalls nur Hunde ohne solche Gendefekte miteinander verpaart werden oder maximal ein Tier Träger des Gens ist. Wichtig zu wissen ist, dass die im Folgenden aufgeführten vererbbaren Krankheiten mittels Blutprobe oder Abstrich ermittelt werden können; dafür gibt es spezielle Labore (Adressen siehe Anhang). Sollte Ihr Hund Träger einer oder mehrerer Gene bestimmter Krankheiten sein, keine Panik: Trägertiere sind selbst nicht krank, sollten aber niemals mit einem weiteren Trägertier verpaart werden.

Der MDR1-Defekt

Der MDR1-Defekt, auch bekannt als Multi-Drug-Resistance-1-Gen-Defekt, ist eine genetische Besonderheit. Dieser Defekt beeinflusst die Funktion eines wichtigen Transportproteins im Körper.
Der MDR1-Defekt ist eine Mutation im MDR1-Gen, welches für das P-Glykoprotein kodiert. Dieses Protein ist in der Lage, viele verschiedene Arten von Medikamenten aus dem Gehirn herauszupumpen und trägt somit zur sogenannten „Blut-Hirn-Schranke" bei. Hunde mit dem MDR1-Defekt haben eine verminderte oder gar keine Funktion dieses Proteins, was zur Folge hat, dass bestimmte Arzneimittel nicht ausreichend aus dem Gehirn entfernt werden können. Dies kann zu toxischen Reaktionen führen und die Gesundheit des Hundes gefährden.

Betroffene Hunderassen

Der MDR1-Defekt wurde ursprünglich bei Collies entdeckt, aber mittlerweile sind viele weitere Hunderassen bekannt, bei denen diese genetische Besonderheit auftritt. Dazu gehören unter anderem Australian Shepherd, Miniature American Shepherd, Border Collie, Shetland Sheepdog, Old English Sheepdog, Weißer Schweizer Schäferhund sowie einige Mischlingshunde. Es wird vermutet, dass diese Mutation bei Hunden mit bestimmten Eigenschaften wie weißem Fell oder blauen Augen häufiger vorkommt.

Auswirkungen auf betroffene Hunde

Die Auswirkungen des MDR1-Defekts können stark variieren und reichen von geringfügigen Veränderungen bis hin zu schweren neurologischen Problemen oder sogar zum Tod des Hundes. Betroffene Hunde können empfindlicher gegenüber bestimmten Arzneimitteln sein, die normalerweise unbedenklich für Hunde sind. So können beispielsweise Ivermectin, eine Substanz zur Behandlung von Parasiten, und bestimmte Chemotherapie-Medikamente gefährlich sein. Symptome einer toxischen Reaktion können Erbrechen, Durchfall, Anorexie, neurologische Störungen und Krampfanfälle sein.

Ob ein Hund den MDR1-Defekt hat,
lässt sich nur durch einen Gentest feststellen.

Behandlungsmöglichkeiten

Es gibt keine Heilung für den MDR1-Defekt, aber betroffene Hunde können ein normales Leben führen, sofern Besitzer und Tierärzte sich der Besonderheiten bewusst sind. Die wichtigste Maßnahme ist die Vermeidung von der Gabe bestimmter Medikamente, insbesondere solche, die als gefährlich für Hunde mit der genetischen Mutation bekannt sind. Für betroffene Hunde gibt es alternative Medikamente und Behandlungsansätze, die keine toxischen Reaktionen hervorrufen.

Unbedenkliche Medikamente:

- Antibiotika: Penicillin, Cephalexin, Doxycyclin (in niedrigen Dosierungen)
- Antiparasitäre Medikamente: Selamectin (Revolution), Fenbendazole (Panacur)
- Analgetika: Tramadol, Gabapentin, Meloxicam
- Antimykotika: Fluconazol, Ketoconazol
- Lokalanästhetika: Lidocain, Bupivacain

Riskante Medikamente:

- Antiparasitäre Medikamente: Ivermectin (in hohen Dosierungen), Moxidectin (in höheren Dosen)
- Beruhigungsmittel und Sedativa: Acepromazin, Diazepam, Xylazin
- Opioid-Analgetika: Morphin, Codein, Fentanyl
- Antidiarrhoika: Loperamid (in höheren Dosen)
- Steroide: Dexamethason, Prednison (in hohen Dosierungen)

Potenziell gefährliche Medikamente:

- Chemotherapeutika: Vincristin, Doxorubicin, 5-Fluorouracil
- Antiparasitäre Medikamente: Imodium (Loperamid, in hohen Dosen), Milbemycin (Milbemax)
- Antidepressiva: Fluoxetin, Sertralin, Amitriptylin
- Blutdrucksenkende Medikamente: Verapamil, Diltiazem
- Herzmedikamente: Digoxin, Quinidin

Wichtig!
Man sollte unbedingt das Fressen von Pferdekot unterbinden, denn sollte das Pferd frisch entwurmt worden sein, kann der Kot große Mengen von Ivermectin enthalten und das könnte für den Hund schlimmstenfalls tödlich enden.

Es ist wichtig zu beachten, dass die Verträglichkeit von Medikamenten bei Hunden mit dem MDR1-Defekt individuell variieren kann. Ein Gentest gibt Ihnen Aufschluss darüber, ob Ihr Hund den MDR1-Defekt hat. Besprechen Sie mit Ihrem Tierarzt dann immer, welche Medikamente geeignet sind und in welcher Dosis verabreicht werden dürfen. Um sicher zu gehen, kann man seine Träger-Tiere wie einen Hund mit MDR1 behandeln lassen und auf riskante oder potenziell gefährliche Medikamente verzichten.
Obwohl der MDR1-Defekt einige Risiken mit sich bringt, ist es wichtig zu betonen, dass es sich nicht um eine Krankheit handelt. Vielmehr handelt es sich um eine genetische Variation, die einige Auswirkungen auf die Medikamentenverträglichkeit hat. Es führt jedoch nicht zu einer Beeinträchtigung der allgemeinen Gesundheit oder Lebensqualität der betroffenen Hunde. Aus diesem Grund sollte man MDR1-Träger nicht automatisch von der Zucht ausschließen oder Zuchten meiden, wo Träger-Tiere verpaart werden. Die Vermeidung der Zucht von MDR1-positiven Hunden kann dazu führen, dass wertvolle genetische Merkmale, die in der Zuchtlinie vorhanden sind, verloren gehen.
Stattdessen ist es ratsam, Zuchtprogramme zu entwickeln, die es ermöglichen, die genetische Vielfalt zu erhalten und gleichzeitig das Risiko von Reaktionen auf bestimmte Medikamente zu minimieren. Durch verantwortungsbewusste Zuchtpraktiken wie Verpaarung von MDR1-Träger-Hunden mit MDR1-negativ getesteten Partnern kann die Wahrscheinlichkeit von betroffenen Nachkommen reduziert werden.

Weitere vererbbare Erkrankungen

- **Exercise Induced Collapse (EIC)**

EIC tritt oft nach intensivem Training oder körperlicher Anstrengung auf und führt zu einer plötzlichen Schwäche, Koordinationsverlust und Kollaps. Zur Vorbeugung hilft neben einem Gentest auch eine entsprechende Managementstrategie, wodurch übermäßiges Training und Überhitzung des Hundes vermieden wird.

- **Degenerative Myelopathie Exon 2 (DM Exon 2)**

Diese Erkrankung beeinträchtigt das Rückenmark und führt zu fortschreitender Lähmung der Hinterbeine. Hunde mit dieser Erkrankung können Einschränkungen in der Mobilität und letztendlich eine vollständige Lähmung entwickeln.

- **Von-Willebrand-Erkrankung Typ 1**

Diese Blutgerinnungsstörung führt zu vermehrten Blutungen, insbesondere nach Verletzungen oder Operationen. Hunde mit Von-Willebrand-Erkrankung Typ 1 benötigen möglicherweise spezielle Behandlungen und Maßnahmen, um übermäßige Blutungen zu kontrollieren.

- **Progressive Retina Atrophie (prcd-PRA)**

PRA ist eine erbliche Augenkrankheit, die zur Degeneration der Netzhaut und letztendlich zu Blindheit führt. Frühe Anzeichen sind Nachtblindheit und ein eingeschränktes Sichtfeld. Die prcd-PRA ist eine Variante von der PRA und wird auf Deutsch als Progressive Stäbchen-Zapfen-Degeneration bezeichnet.

- **Collie Eye Anomalie (CEA)**

Diese Augenkrankheit betrifft den Augenaufbau und kann zu verschiedenen Augenproblemen wie Netzhautablösung und Blindheit führen.

- **Maligne Hyperthermie (MH)**

Maligne Hyperthermie ist eine seltene, aber potenziell lebensbedrohliche Stoffwechselstörung, die auftreten kann, wenn ein Hund auf bestimmte Anästhetika oder Stressfaktoren reagiert. Dies führt zu einem schnellen Anstieg der Körpertemperatur, Muskelsteifheit und anderen lebensbedrohlichen Symptomen.

- **Hyperurikämie (HUU)**

HUU ist eine Stoffwechselerkrankung, die zu einem erhöhten Harnsäurespiegel im Blut führt. Dies kann zu Nierensteinen, Gichtanfällen und anderen gesundheitlichen Problemen führen.

- **Canine Multifokale Retinopathie Typ 1 (CMR1)**

CMR1 ist eine erbliche Augenerkrankung, die die Netzhaut betrifft und zu fortschreitender Degeneration und Blindheit führen kann.

- **Junctional Epidermolysis bullosa**

Epidermolysis bullosa ist eine seltene vererbbare Hauterkrankung, die zu Blasenbildung, Hautabschürfungen und Wunden führt. Das Auftreten von Blasen verursacht Schmerzen und kann die Lebensqualität des Hundes stark beeinträchtigen.

- **Hereditäre Ataxie**

Hereditäre Ataxie ist eine neurologische Erkrankung, die zu einer gestörten Koordination, Gleichgewichtsstörungen und Schwäche der Hinterbeine führt. Diese Erkrankung kann die Mobilität des Hundes beeinträchtigen und fortschreitend sein.

- **Primäre Ciliäre Dyskinesie (PCD)**

PCD ist eine seltene, erbliche Erkrankung, die die ciliäre Funktion beeinträchtigt. Dies kann zu Atemwegsproblemen, chronischem Husten und zur Ansammlung von Schleim führen, was die Atmung des Hundes beeinträchtigt.

- **Neuronale Ceroid Lipofuszinose (NCL)**

NCL ist eine seltene, fortschreitende neurologische Erkrankung, die zu Bewegungsstörungen, geistigen Beeinträchtigungen und schließlich zum Tod führt. Symptome beginnen oft im Jugendalter mit fortschreitender Verschlechterung.

Die oben genannten Krankheiten können vom Züchter durch Gentests und eine gezielte Verpaarung von Hunden, die nicht Gene für diese Veranlagungen tragen, vermieden werden. Daher sollte man bei der Auswahl des Züchters immer darauf achten, dass beide Elterntiere untersucht worden sind.

Sollten Sie einen Aussie oder MAS besitzen, von dem sie nicht wissen, ob die Elterntiere untersucht waren, können Sie dies selbst in die Hand nehmen und den Hund bei Ihrem Tierarzt mittels Blutprobe testen lassen. Alternativ ist auch ein Backenabstrich möglich; diesen können Sie ohne Tierarzt zu Hause selbst durchführen.

Erkrankungen des Bewegungsapparates

Der Australian Shepherd sowie der Miniature American Shepherd sollten auch auf die Gesundheit des Bewegungsapparates hin untersucht werden, darunter fallen HD (Hüftgelenkdysplasie), ED (Ellenbogengelenkdysplasie), OCD (Osteochondrosis dissecans), LÜW (Lumbosakrale Übergangszone) und Patellaluxation.
Die im Folgenden aufgeführten Krankheiten beeinträchtigen den Bewegungsapparat und können zumindest zum Teil auch vererbbar sein. Häufig können aber auch die Haltungs- und Fütterungsbedingungen bei den Hunden, besonders in jungen Jahren, beeinflussen, ob sie Symptome oder Einschränkungen haben.

• Hüftgelenkdysplasie (HD)

HD ist eine genetisch bedingte Erkrankung, bei der sich die Hüftgelenke des Hundes nicht korrekt entwickeln, was zu Schmerzen, Lahmheit und Arthrose führen kann.
Die Symptome können von leichten Beschwerden bis hin zu schweren Beeinträchtigungen reichen.

• Ellenbogengelenkdysplasie (ED)

Bei der ED handelt es sich um eine Erkrankung, bei der verschiedene Entwicklungsstörungen im Ellenbogengelenk auftreten. Dies führt oft zu Lahmheit, Schmerzen und Steifheit in den Vorderbeinen des Hundes.

• Osteochondrosis dissecans (OCD)

OCD ist eine Erkrankung, bei der sich Knorpelgewebe im Gelenk nicht richtig entwickelt und ablöst, was zu Schmerzen, Lahmheit und Gelenkproblemen führen kann. Dies betrifft insbesondere junge Hunde im Wachstum.

Dieser Miniature American Shepherd scheint keine Gelenkprobleme zu haben.

- **Lumbosakrale Übergangszone (LÜW)**

Die Lumbosakrale Übergangszone bezieht sich auf die Region zwischen der Lendenwirbelsäule und dem Kreuzbein des Hundes. Probleme in diesem Bereich können zu Rückenschmerzen, Bewegungseinschränkungen und Nervenschäden führen.

- **Patellaluxation**

Bei der Patellaluxation handelt es sich um eine Erkrankung, bei der die Kniescheibe des Hundes aus ihrer normalen Position springt, was zu Lahmheit und Schmerzen führen kann. In schweren Fällen kann eine Operation erforderlich sein, um das Problem zu korrigieren. Hiervon sind meist nur Miniature American Shepherds betroffen.

Auch wenn man selbst nicht vor hat zu züchten, empfiehlt es sich, den Hund (frühestens) mit 12 Monaten einmal röntgen zu lassen, denn unbehandelt können dieser Erkrankungen zu starken Schmerzen und Beeinträchtigungen führen. Vor allem wenn man sehr aktiv mit dem Hund ist, sei es im Sport, beim Wandern oder sonstigen Aktivitäten, sollte diese Untersuchung ganz oben auf der To-Do-Liste stehen.

Epilepsie

Die Epilepsie ist eine neurologische Erkrankung, die durch wiederkehrende epileptische Anfälle gekennzeichnet ist. Diese Anfälle entstehen aufgrund einer vorübergehenden Fehlfunktion im Gehirn, bei der eine erhöhte elektrische Aktivität in bestimmten Bereichen des Zentralnervensystems auftritt. Diese Störung führt zu einer Vielzahl von Symptomen, die je nach Art und Schwere des Anfalls variieren können.

Die **Ursachen** für Epilepsie können vielfältig sein und sind oft nicht eindeutig feststellbar. Bei einigen Fällen kann die Krankheit auf genetische oder familiäre Veranlagungen zurückgeführt werden, während bei anderen Fällen neurologische Verletzungen, Hirntumore, Infektionen oder Schäden während der Entwicklung des Gehirns eine Rolle spielen können. In einigen Fällen bleibt jedoch die Ursache der Epilepsie unbekannt, was als idiopathisch bezeichnet wird.

Die **Symptome** eines epileptischen Anfalls können sehr unterschiedlich sein. Sie reichen von sichtbaren klonischen oder tonischen Muskelzuckungen, unkontrollierten Bewegungen oder Zittern bis hin zu weniger offensichtlichen Anzeichen wie Verwirrung, plötzlicher Verhaltensänderung oder dem Erleben von Halluzinationen. Ein Anfall kann von wenigen Sekunden bis Minuten dauern und kann sowohl bei Bewusstsein als auch bei Bewusstlosigkeit auftreten.

Die **Diagnose** von Epilepsie umfasst in der Regel eine gründliche Anamnese, eine körperliche Untersuchung und verschiedene diagnostische Tests wie EEG (Elektroenzephalografie), MRT (Magnetresonanztomografie) und Blutuntersuchungen. Durch diese Untersuchungen kann die Art der Epilepsie bestimmt werden, was bei der Festlegung des geeigneten Behandlungsplans von entscheidender Bedeutung ist.

Es ist wichtig zu beachten, dass Epilepsie nicht heilbar ist. Aber in den meisten Fällen kann die Krankheit durch eine angemessene medizinische Behandlung und einen gesunden Lebensstil gut kontrolliert werden. Die Behandlungsmöglichkeiten umfassen oft die Verwendung von antiepileptischen Medikamenten, die die Anzahl und Intensität der Anfälle reduzieren sollen. In einigen Fällen kann auch eine chirurgische Intervention erforderlich sein, um den Anfallsursprung im Gehirn zu entfernen oder zu korrigieren. In den letzten Jahren hat die Forschung im Bereich der Epilepsie große Fortschritte gemacht. Neue Erkenntnisse ermöglichen eine genauere Diagnose, effektivere Behandlungspläne und ein besseres Verständnis der zugrundeliegenden Ursachen der Krankheit.

Epilepsie beim Australian Shepherd

Die Prädisposition für Epilepsie beim Australian Shepherd ist ein bemerkenswertes rassenspezifisches Phänomen. Im Vergleich zu anderen Hunderassen zeigen Australian Shepherds eine erhöhte Neigung, an epileptischen Anfällen zu leiden. Diese genetische Veranlagung hat das Interesse von Wissenschaftlern und Forschern geweckt, um die Ursachen und Mechanismen dieser Krankheit genauer zu untersuchen.

Primäre Epilepsie: Welcher Auslöser hinter der primären Epilepsie steckt, der häufigsten beim Hund, ist bis heute ungeklärt. Daher nennen Wissenschaftler und Ärzte sie auch idiopathisch, was „ohne bekannte Ursache" bedeutet. Das Gehirn der Hunde weist keine anatomischen Veränderungen auf und sie zeigen zwischen zwei Anfällen auch keine klinischen Symptome. Nach heutigem Wissensstand wird eine vererbbare genetische Ursache vermutet.
Erst 2017 hat ein internationales Forscherteam einen Gendefekt identifiziert, der für eine Epilepsieform verantwortlich ist, an der bis zu zwei Prozent der Rassehunde leiden. In diesem Fall wird die Krankheit autosomal-rezessiv vererbt. Das heißt, solange nur ein Elternteil den Gendefekt trägt, werden die Nachkommen nicht erkranken. Erst wenn beide Elternteile mit dem Merkmal belastet sind, können sie, ohne selbst krank zu sein, die Epilepsie weitervererben.

Strukturelle Epilepsie: Anders sieht es bei dieser Form der Epilepsie aus. Hier lösen andere Krankheiten des Gehirns die wiederkehrenden Anfälle aus. Ursache kann ein Hirntumor sein, ein Schädeltrauma, eine Hirnblutung oder eine Gehirn(haut)entzündung. Diese Art wird strukturelle Epilepsie genannt, weil man beim MRT Veränderungen im Gehirn sieht. Außerdem zeigen die Hunde auch zwischen zwei Anfällen neurologische Ausfälle.

Metabolische Epilepsie: Bei dieser Form der Epilepsie erhöhen sogenannte metabolische (organische) Erkrankungen, wie eine gestörte Leberfunktion, eine Unterzuckerung oder auch Veränderungen der Blutsalze insbesondere des Kalziumspiegels, das Anfallsrisiko. Es ist wichtig, solche Störungen sofort festzustellen und zu behandeln, da diese Form der Anfälle häufig nicht auf klassische antiepileptische Therapie anspricht. Auch der Mangel des Vitamins B12 spielt hierbei eine große Rolle.

Aber: Eine Sauerstoffunterversorgung des Gehirns die z. B. im Rahmen einer Herzerkrankung auftreten kann, kann zu Ohnmachtsanfällen (Synkopen) führen, die nicht mit echter Epilepsie zu verwechseln sind.

Studien haben gezeigt, dass die Häufigkeit von Epilepsie beim Australian Shepherd höher ist als bei vielen anderen Rassen. Dies deutet darauf hin, dass es spezifische genetische Faktoren gibt, die das Auftreten von epileptischen Anfällen bei dieser Rasse begünstigen.
Beim Miniature American Shepherd gibt es noch nicht genug klare Ergebnisse darüber, ob er auch häufiger zu dieser Krankheit neigt.

Eine erbliche Veranlagung für Epilepsie beim Australian Shepherd wurde nachgewiesen. Es wurden genetische Marker identifiziert, die mit einem höheren Risiko für die Entwicklung der Krankheit verbunden sind. Durch die Erforschung des Genoms des Australian Shepherds konnten bestimmte Genmutationen und genetische Veränderungen identifiziert werden, die eine Rolle bei der Entstehung von Epilepsie spielen können.
Es ist wichtig zu beachten, dass nicht alle Australian Shepherds, die eine genetische Prädisposition für Epilepsie haben, tatsächlich erkranken. Mehrere Faktoren, einschließlich Umweltfaktoren, beeinflussen das Krankheitsrisiko und das Auftreten von Anfällen. Eine weiterführende Forschung ist daher notwendig, um ein besseres Verständnis der genauen Auslöser, Mechanismen und der genetischen Hintergründe von Epilepsie beim Australian Shepherd zu erlangen.

Epidemiologie der Epilepsie beim Australian Shepherd

Die Epidemiologie der Epilepsie beim Australian Shepherd umfasst die Untersuchung der Häufigkeit, Verteilung und Prävalenz dieser Krankheit in der Rasse.
Studien haben gezeigt, dass Epilepsie beim Australian Shepherd zu den häufigsten neurologischen Erkrankungen in dieser Rasse gehört. Es wurden Unterschiede im Auftreten zwischen verschiedenen Populationen festgestellt. Es wird vermutet, dass zwischen 2 und 15 % der Australian Shepherds von epileptischen Anfällen betroffen sein können. Inzidenz und Prävalenz von Epilepsie können auch in verschiedenen Altersgruppen variieren. Es wurde beobachtet, dass epileptische Anfälle bei einigen Australian Shepherds bereits in jungen Jahren auftreten, während andere erst im Erwachsenenalter davon betroffen sind.
Forschungen haben auch gezeigt, dass weibliche Australian Shepherds tendenziell häufiger von Epilepsie betroffen sind als männliche Hunde. Diese geschlechtsspezifischen Unterschiede könnten auf genetische oder hormonelle Faktoren zurückzuführen sein, doch weitere Studien sind erforderlich, um diese Zusammenhänge besser zu verstehen.

Vererbung von Epilepsie

Die Vererbung von Epilepsie beim Australian Shepherd ist ein komplexer Prozess, der von verschiedenen genetischen und Umweltfaktoren beeinflusst wird.

• Polygene Vererbung

Die Vererbung von Epilepsie beim Australian Shepherd wird als polygene Vererbungsform angesehen, bei der mehrere Gene an der Entwicklung der Krankheit beteiligt sind. Es wird angenommen, dass es unterschiedliche Kombinationen von genetischen Varianten gibt, die zu epileptischen Anfällen führen können. Die genauen Mechanismen, wie diese Gene zusammenwirken und zur Entstehung von Epilepsie führen, sind noch Gegenstand intensiver Forschung.

• Anlageträger und resistente Individuen

Bei der Vererbung von Epilepsie gibt es Anlageträger, die eine genetische Prädisposition für die Krankheit haben und somit ein höheres Risiko, an Epilepsie zu erkranken. Dies bedeutet jedoch nicht zwangsläufig, dass alle Anlageträger auch tatsächlich an Epilepsie erkranken werden. Es gibt auch resistente Individuen, die trotz der genetischen Anfälligkeit niemals Anzeichen von Epilepsie zeigen. Das komplexe Zusammenspiel von Umweltfaktoren und Genetik kann erklären, warum nicht alle Anlageträger betroffen sind.

Genetische Marker

Ein Marker ist ein genetisches Merkmal, das mit einer bestimmten Krankheit oder einem bestimmten Zustand in Verbindung gebracht wurde. Marker und genetische Untersuchungen spielen eine wichtige Rolle bei der Erforschung von Epilepsie beim Australian Shepherd.
Um Marker zu identifizieren, werden umfangreiche genetische Untersuchungen durchgeführt. Diese können verschiedene Ansätze umfassen, wie z. B.:
Genomanalysen (das gesamte Genom wird untersucht), Familienstudien (Untersuchung von Familienverbänden, in denen Epilepsie auftritt) oder Assoziationsstudien (Untersuchung genetischer Unterschiede zwischen Hund mit und ohne Epilepsie).
Diese genetischen Untersuchungen ermöglichen es, Präventionsstrategien zu entwickeln, indem Züchter gezieltere Zuchtprogramme anwenden können, um das Risiko für die Krankheit zu reduzieren.
Darüber hinaus können sie auch dazu beitragen, die Diagnose und Prognose von Australian Shepherds mit Epilepsie zu verbessern.

Zucht und Prävention

Angesichts der genetischen Komplexität von Epilepsie ist es eine Herausforderung, die Krankheit vollständig zu eliminieren. Man muss bedenken, dass es keine Linie gibt, die frei von Epilepsie ist. Dennoch arbeiten verantwortungsbewusste Züchter daran, das Risiko von Epilepsie in ihren Zuchtprogrammen zu minimieren. Dies beinhaltet die Überprüfung von Stammbäumen, um Vorfahren mit einer bekannten Epilepsiegeschichte zu vermeiden. Züchter sollten auch genetische Tests und den Austausch von Informationen mit anderen Züchtern in Betracht ziehen, um das Wissen über die Vererbung von Epilepsie weiter zu verbessern. Hier muss klar ein Umdenken stattfinden und eine transparente Zusammenarbeit unter den Züchtern erfolgen – zum Wohle der Rasse.

Diagnose

Die Diagnose erfolgt im Ausschlussverfahren. Dabei tasten wir uns Schritt für Schritt voran. Am Anfang stehen die klinisch neurologische Untersuchung und sorgfältige Anamnese, um andere mögliche Auslöser für die Krampfanfälle auszuschließen.
Metabolische Ursachen versuchen wir durch ein komplettes Blutbild inklusive Säure-Base- und Elektrolyt-Haushalt sowie Leberfunktionstest abzuklären.
Um danach Aufschluss über die Epilepsieform – genetisch oder strukturell – zu erhalten, sind wir auf weiterführende klinische Diagnostik angewiesen. Durch bildgebende Verfahren wie MRT oder CT ist die Veterinärmedizin in der Lage strukturelle Hirnveränderungen wie z. B. Tumoren zu identifizieren. Durch eine Gehirnwasser-Untersuchung kann man zudem feststellen, ob eine Entzündung vorliegt. Erst wenn wir alle anderen Ursachen für die Krampfanfälle ausgeschlossen haben, können wir von einer genetischen Epilepsie ausgehen. Falls der erste Anfall bis zum 6. Lebensjahr des Tieres aufgetreten ist, ist diese Krankheitsform wahrscheinlich.

Behandlung

Die Behandlung von Epilepsie beim Australian Shepherd zielt darauf ab, die Häufigkeit und Schwere der epileptischen Anfälle zu reduzieren, um die Lebensqualität des Hundes zu verbessern. Es gibt verschiedene Ansätze zur Behandlung von Epilepsie, von medikamentöser Therapie bis hin zu alternativen Methoden.

Die medikamentöse Therapie ist die häufigste und effektivste Methode zur Behandlung von Epilepsie beim Australian Shepherd. Antiepileptika sind Medikamente, die die elektrische Aktivität im Gehirn regulieren und helfen, epileptische Anfälle zu kontrollieren. Die Dosierung und Art des verschriebenen Medikaments hängen von verschiedenen Faktoren ab, wie z. B. der Schwere der Anfälle, der Häufigkeit und dem Alter des Hundes. Es ist wichtig, dass die Medikamente entsprechend den Anweisungen des Tierarztes verabreicht werden und regelmäßige Kontrolltermine stattfinden, um die Wirksamkeit der Behandlung zu überwachen und gegebenenfalls Anpassungen vorzunehmen.
Eine enge Zusammenarbeit mit dem Tierarzt ist hier sehr wichtig, gemeinsam sollte man entscheiden, inwieweit das Leben des Hundes noch lebenswert ist, denn die Anfälle können von sehr selten bis mehrmals täglich variieren.

Durch präventive Maßnahmen und richtige Zuchtprogramme kann man zur Gesundheiterhaltung des Aussies beitragen.

Vergiftungsgefahr im Alltag

Durch Lebensmittel

Schokolade enthält Theobromin, eine Substanz, die für Hunde schwer verdaulich ist und toxisch wirken kann. Je dunkler die Schokolade, desto höher ist der Theobromingehalt. Symptome einer Schokoladenvergiftung können Erbrechen, Durchfall, Zittern, erhöhter Herzschlag, Krämpfe und in schweren Fällen sogar Herzversagen sein.

Weintrauben und Rosinen können bei Hunden zu Nierenversagen führen. Die genaue Ursache ist noch nicht bekannt, daher ist Vorsicht geboten. Symptome einer Vergiftung sind Erbrechen, Durchfall, erhöhter Durst, Appetitlosigkeit und verminderte Urinproduktion.

Zwiebeln und Knoblauch enthalten Schwefelverbindungen, welche die roten Blutkörperchen von Hunden schädigen können. Dies kann zu Anämie führen, was sich in Symptomen wie Schwäche, blasse Schleimhäute und erhöhte Herzfrequenz äußern kann.

Avocado enthält Persin, eine Substanz, die bei einigen Tieren giftig sein kann. In größeren Mengen kann sie zu Verdauungsstörungen, Atemproblemen und Flüssigkeitsansammlungen in der Lunge führen. Der Kern und die Schale der Avocado können auch eine Erstickungsgefahr für Hunde darstellen.

Koffeinhaltige Getränke wie Kaffee, Tee oder Energydrinks sollten Hunden nicht gegeben werden, da Koffein ihr Nervensystem stimulieren kann. Dies kann zu erhöhtem Herzschlag, Muskelzittern, Erbrechen, Durchfall, Krämpfen und in schweren Fällen zu Herzproblemen führen.

Alkohol ist für Hunde äußerst giftig und kann zu schweren gesundheitlichen Problemen wie Erbrechen, Durchfall, Atembeschwerden, Koordinationsverlust, Koma und sogar zum Tod führen.

Xylitol ist ein Süßstoff, der in vielen zuckerfreien Produkten wie Kaugummi, Süßigkeiten oder Backwaren enthalten ist. Für Hunde kann Xylitol lebensbedrohlich sein, da es den Blutzuckerspiegel stark senken kann. Symptome einer Vergiftung sind Erbrechen, Lethargie, Koordinationsverlust, Krämpfe und bei schweren Fällen sogar Leberversagen.

Durch Pflanzen

Die **Aloe Vera-Pflanze** enthält gelartige Teile, die für Hunde giftig sein können. Der Verzehr kann zu Magenreizungen, Durchfall und in einigen Fällen zu Herzproblemen führen.

Dieffenbachie und **Philodendron** enthalten Oxalsäurekristalle, die bei Hunden zu Reizungen und Schwellungen von Mund, Rachen und Magen führen können. Symptome sind Speicheln, Schwierigkeiten beim Schlucken und Erbrechen.

Die **Friedenslilie** enthält Substanzen, die bei Hunden zu Magen-Darm-Reizungen, Erbrechen, Durchfall, vermehrtem Speicheln und Schwellungen von Zunge und Lippen führen können.

Blätter und Beeren des **Efeus** enthalten Saponine, die für Hunde giftig sein können. Symptome einer Vergiftung sind Magen-Darm-Reizungen, Erbrechen, Durchfall und in schweren Fällen neurologische Probleme.

Der milchige Pflanzensaft vom **Gummibaum** kann bei Hunden Irritationen der Haut, der Schleimhäute und des Magen-Darm-Trakts verursachen. Symptome sind Hautausschlag, Juckreiz, Erbrechen und Durchfall.

Der **Weihnachtsstern** enthält auch einen milchigen Saft, der bei Hunden zu Hautreizungen, Magen-Darm-Beschwerden, erhöhter Speichelproduktion und in einigen Fällen zu Herzproblemen führen.

Blaualgen (Cyanobakterien) sind Mikroorganismen, die in stehenden oder langsam fließenden Gewässern wachsen können. Bestimmte Arten von Blaualgen können Toxine produzieren, die für Hunde giftig sind. Wenn ein Hund mit Blaualgen in Kontakt kommt oder das Wasser mit Blaualgen trinkt, können Symptome wie Erbrechen, Durchfall, Speicheln, Krämpfe, Lethargie, Schwäche, Atembeschwerden und Leberversagen auftreten. Vermeiden Sie es, Ihren Hund in Gewässern schwimmen zu lassen, von denen bekannt ist, dass sie Blaualgen enthalten.

In manchen Gewässern können sich für Hunde giftige Blaualgen befinden.

Alle Teile der **Tollkirsche**, einschließlich der Früchte, sind für Hunde giftig. Eine Vergiftung mit Tollkirschen kann zu Symptomen wie Erbrechen, Durchfall, erhöhtem Herzschlag, unregelmäßigem Atmen, Unruhe, Verwirrtheit, Krämpfen und in schweren Fällen zum Tod führen. Achten Sie darauf, dass Ihr Hund keinen Zugang zu diesen Pflanzen hat.

Auch beim **Oleander** enthalten alle Pflanzenteile gefährliche Toxine. Eine Oleandervergiftung kann bei Hunden zu Erbrechen, Durchfall, erhöhtem Herzschlag, Herzrhythmusstörungen, Zittern, Krämpfen, Atembeschwerden und in schweren Fällen zum Tod führen.

Durch Chemikalien im Haushalt

Viele alltägliche **Haushaltsreiniger** wie Bleichmittel, WC-Reiniger, Allzweckreiniger, Glasreiniger und Bodenreiniger enthalten Chemikalien wie Ammoniak, Chlor und Phosphate, die für Hunde giftig sein können. Kontakt mit diesen Reinigern kann zu Hautreizungen, Atembeschwerden, Magen-Darm-Beschwerden und in einigen Fällen zu schweren Vergiftungen führen.

Schädlingsbekämpfungsmittel wie Insektensprays, Ameisengift und Rattenköder enthalten giftige Chemikalien wie Pyrethroide, Organophosphate und Rodentizide, die für Hunde äußerst gefährlich sein können. Der Kontakt mit diesen Mitteln kann zu Vergiftungssymptomen wie Zittern, Muskelkrämpfen, Erbrechen, Durchfall, Atembeschwerden und in schweren Fällen zum Tod führen.

Frostschutzmittel, enthalten Ethylenglykol, das für Hunde extrem giftig ist. Selbst kleine Mengen können zu Nierenversagen, Erbrechen, Krämpfen, Koordinationsverlust und sogar zum Tod führen.

Farben, Lacke, Verdünner, Reinigungsmittel enthalten oft giftige Stoffe wie Blei, Quecksilber, Lösungsmittel und andere toxische Substanzen. Der Kontakt mit diesen Chemikalien kann zu Hautreizungen, Atembeschwerden, Vergiftungssymptomen und in einigen Fällen zu schweren Gesundheitsproblemen führen.

Rohrreiniger und andere Klempnerprodukte enthalten starke Chemikalien wie Säuren und Laugen, die für Hunde hochgiftig sind. Der Kontakt mit diesen Produkten kann zu Verätzungen der Haut, der Schleimhäute, des Magens und des Verdauungstrakts führen.

Durch Medikamente

Einige **Schmerzmittel** wie Ibuprofen, Naproxen und Paracetamol sind für Hunde giftig und können zu Magen-Darm-Beschwerden, Nierenproblemen, Leberschäden und anderen ernsthaften gesundheitlichen Problemen führen.
Antidepressiva wie selektive Serotonin-Wiederaufnahmehemmer (SSRIs) und Serotonin-Noradrenalin-Wiederaufnahmehemmer (SNRIs) können für Hunde giftig sein.
Eine Überdosierung kann zu Problemen wie Erbrechen, Durchfall, Zittern, Erregung, Krämpfen und in schweren Fällen zum Tod führen.
Obwohl einige **Antihistaminika**, die für Menschen sicher sind, auch für Hunde verwendet werden können, sollten Hunde keine Antihistaminika einnehmen, die für den menschlichen Gebrauch bestimmt sind, es sei denn, es wird vom Tierarzt empfohlen. Eine Überdosierung kann zu Symptomen wie Schläfrigkeit, Koordinationsverlust, erhöhte Herzfrequenz und Atembeschwerden führen.
Schlafmittel wie Benzodiazepine und Barbiturate sind für Hunde giftig und können zu Atemdepression, Koordinationsverlust, verminderter Herzfrequenz, Schwäche und in schweren Fällen zum Koma oder zum Tod führen.

Achtung!
Viele verschreibungspflichtige Medikamente für Menschen können für Hunde giftig sein, auch in kleinen Mengen. Es ist äußerst wichtig, Medikamente außerhalb der Reichweite von Hunden aufzubewahren und niemals Medikamente ohne tierärztliche Empfehlung zu verabreichen. Wenn Sie vermuten, dass Ihr Hund versehentlich Medikamente eingenommen hat oder Anzeichen einer Vergiftung zeigt, wenden Sie sich umgehend an einen Tierarzt oder kontaktieren Sie eine Tiervergiftungshotline.

Übermäßige Mengen an bestimmten **Vitaminen**, insbesondere fettlöslichen Vitaminen wie Vitamin A und Vitamin D, können für Hunde giftig sein. Eine übermäßige Zufuhr kann zu einer Vielzahl von gesundheitlichen Problemen wie Knochenproblemen, Nierenproblemen, Durchfall, Erbrechen und anderen Symptomen führen.

Weitere Gefahren

Kleine Gegenstände wie Spielzeug, Schmuck, Schrauben, Muttern, Kleidungszubehör (Knöpfe, Nieten), Spielzeugteile, Batterien und andere kleine Objekte können von Hunden verschluckt werden und zu Erstickungsgefahr oder Verstopfung des Verdauungstrakts führen.

Spielzeuge oder Gegenstände mit Schnüren, Fäden oder dünnen Bändern können gefährlich sein, da Hunde sie verschlucken oder sich darin verheddern können. Schnüre oder Fäden können zu Darmverstopfungen, Verletzungen oder Strangulation führen.

Plastiktüten können eine Erstickungsgefahr für Hunde darstellen, insbesondere wenn sie über den Kopf gezogen werden. Es wird empfohlen, Plastiktüten außerhalb der Reichweite von Hunden aufzubewahren.

Auch **Hundespielzeuge und Knabbereien** sollten nur unter Aufsicht gegeben werden, denn durch das Knabbern können sich Kleinteile lösen und im Rachen stecken bleiben. Auf Markknochen sollte man ganz verzichten, da es schon etliche Fälle gab, wo sich der Unterkiefer im Knochen verkantet hat. Bei Bällen sollte man immer nur große Exemplare wählen, die nicht verschluckt werden können.
Auch das Spielen mit Stöckchen kann zu Verletzungen führen, ebenso wenn Holzteile verschluckt werden.
Zu allen hier aufgeführten Gegenständen sollten Hunde nicht unbeaufsichtigt Zugang haben.

Der alte Shepherd

Das Alter bringt Veränderungen mit sich: Wenn Hunde älter werden, durchlaufen sie körperliche und Verhaltensveränderungen, die sich auf ihre Lebensqualität auswirken können. Das einstige Energiebündel wird möglicherweise ruhiger, die Gelenke steifer und die Sinne lassen nach.
Es ist wichtig, diese Veränderungen zu erkennen und angemessen darauf zu reagieren, um sicherzustellen, dass der ältere Aussie bzw. MAS ein komfortables und erfülltes Leben führen kann.
Bei beiden Rassen liegt die durchschnittliche Lebenserwartung bei etwa 12 Jahren, wobei nicht selten das Alter überschritten wird. Leider kommt es aber immer häufiger vor, dass sie an Folgen von Krebs sterben.

Was man beachten sollte

- **Tierarztbesuche**

Regelmäßige tierärztliche Untersuchungen sind besonders wichtig für ältere Hunde, um eventuelle gesundheitliche Probleme frühzeitig zu erkennen und zu behandeln.
Ein maßgeschneiderter Gesundheitsplan kann dabei helfen, den Hund in seinem Seniorenalter optimal zu unterstützen. Vor allem ist eine regelmäßige Krebsvorsorge sinnvoll, da der Australian Shepherd dazu neigt an Krebs zu erkranken; sehr häufig ist die Milz betroffen. Zu dieser Routineuntersuchung gehören ein großes Blutbild und eine Ultraschalluntersuchung.

- **Ernährung und Bewegung**

Eine ausgewogene Ernährung und ausreichend Bewegung sind auch im Alter wichtig, um die Gesundheit und das Wohlbefinden des Hundes zu fördern. Angepasste Fütterungspläne und schonende Bewegung können bei der Aufrechterhaltung der Vitalität und des Idealgewichts helfen.

- **Komfort und Geborgenheit**

Ältere Shepherds können sensibler auf Umweltreize reagieren und es ist wichtig, für einen ruhigen und entspannten Lebensraum zu sorgen. Komfortable Schlafplätze, Rückzugsorte und regelmäßige Ruhepausen sind essenziell, um dem Hund ein Gefühl von Sicherheit zu vermitteln.

Gesundheitliche Aspekte

- **Gelenke**
Mit zunehmendem Alter können die Hunde anfälliger für Gelenkprobleme wie Arthrose werden. Es ist wichtig, auf Anzeichen von Schmerzen oder Steifheit zu achten und gegebenenfalls tierärztlichen Rat einzuholen, um Schmerzen zu lindern und die Beweglichkeit zu erhalten.

- **Zahnhygiene**
Die Zahngesundheit ist auch im Alter entscheidend. Regelmäßige Zahnreinigungen und Untersuchungen können Zahnprobleme vorbeugen und das allgemeine Wohlbefinden des Hundes fördern.

Mit zunehmendem Alter braucht der Aussie auch mal mehr Ruhepausen.

- **Augen- und Ohrengesundheit**
Die Seh- und Hörleistung kann mit zunehmendem Alter nachlassen. Regelmäßige Untersuchungen können helfen, eventuelle Probleme frühzeitig zu erkennen und entsprechende Maßnahmen zu ergreifen.

Durch ein verständnisvolles, aufmerksames und an die Bedürfnisse des älteren Hundes angepasstes Pflegekonzept können Halter sicherstellen, dass ihr geliebter Vierbeiner auch im Seniorenalter ein glückliches und gesundes Leben führen kann. Und auch wenn das Thema sehr unangenehm ist, sollte man sich Gedanken machen, was mit ihm geschieht, wenn es heißt Abschied zu nehmen. Oft ist man in der Situation überfordert und entscheidet sich für etwas, was man im Nachhinein bereut.

Einem Senior ist das Alter buchstäblich ins Gesicht geschrieben. ▶

Wenn es zu Ende geht

Das Glück, dass Hunde friedlich zu Hause einschlafen, haben nur wenige. Mein Finn ist daheim eingeschlafen. Ich werde diesen Tag nie vergessen, es war einer der schwersten Momente in meinem Leben, aber ich bin dankbar, dass ich ihm die „Erlösung" ersparen konnte, was nicht heißen soll, dass es schlecht ist, aber für Finn hätte ich mir keinen schöneren Tod wünschen können, denn er war nicht gern bei Tierärzten.
Welche Optionen hat man also als Hundehalter?
Es empfiehlt sich, mit seinem Tierarzt zu sprechen, ob es möglich ist, dass dieser – wenn es so weit ist – zu einem nach Hause kommt, falls man sich das für sich selbst und seinen Hund wünscht. Der Vorteil ist, dass der Hund in gewohnter Umgebung einschlafen kann und keinen Stress hat. Aber auch in einer Tierarztpraxis wird man sich viel Zeit für Sie und Ihren Hund nehmen, denn auch wenn man meint, dass dies für Tierärzte Routine ist, ist es auch für sie immer ein sehr emotionaler Moment, den sie für Halter und Hund so angenehm wie nur möglich gestalten möchten.

Wenn Ihr Hund dann eingeschlafen ist, stellt sich die Frage: Was passiert mit dem Körper des Hundes? Hier gibt es mehrere Möglichkeiten.

• Beim Tierarzt lassen

Sie können Ihren Hund beim Tierarzt lassen. Der Hund wird dann zusammen mit anderen Tieren von einer Firma abgeholt, die sich auf die Beseitigung von Tierkörpern spezialisiert haben. Zugegeben, es ist nicht der schönste Gedanke, aber bis vor vielen Jahren war dies ganz normal und sollte nicht verurteilt werden. Der Vorteil: Es ist mit eine der günstigsten Möglichkeiten. Der Nachteil ist, dass man nicht weiß, wo der geliebte Vierbeiner landet.

• Im Garten vergraben

Viele möchten ihre Lieblinge gern bei sich haben und im eigenen Garten vergraben, dies ist leider nicht ganz so einfach, da man sich an geltende Gesetze der Tierkörperbeseitigung halten muss. Wo es bei einem kleinen MAS vielleicht noch klappen kann, wird es beim Aussie schon deutlich schwieriger und sollte unbedingt vorher mit der zuständigen Behörde abgeklärt werden, um sich nicht strafbar zu machen. Lebt man in einem Wasserschutzgebiet, ist es verboten. Der Vorteil hier ist, dass man seinen Liebling bei sich hat und es nichts kostet.

Finn hatte das Glück, zu Hause in Ruhe einschlafen zu können.

Der Nachteil ist, dass es nicht immer und überall möglich ist und das bei einem Umzug das Grab zurückgelassen werden muss.

• Tierfriedhof

Mittlerweile gibt es einige Tierfriedhöfe, die auch gerne genutzt werden. Verschieden Firmen haben sich auf den respektvollen Abschied spezialisiert und begleiten Sie von der Abholung des Hundes bis hin zur Beerdigung. Hier können Sie selbst entscheiden, ob er eingeäschert werden soll oder nicht. Vorteile sind hier ganz klar, dass Sie eine/n Fachmann/frau an die Hand bekommen. Sie werden beraten und wissen, wo Ihr Hund ist. Der Nachteil ist hier der Kostenpunkt und – wie auch schon bei der Beerdigung im Garten – dass das Grab zurückgelassen werden muss, wobei dies kein Nachteil ist, wenn man im nahen Umkreis bleibt.

• Einäscherung

Eine Einäscherung wird ebenfalls von einigen Firmen angeboten, auch hier wird man liebevoll betreut und bekommt unter anderem auch noch die Möglichkeit, sich Andenken anfertigen zu lassen, wie Fotos im Sarg oder – wem das zu viel des Guten ist – auch Gipsabdrücke der Pfote. Sie haben die Möglichkeit, eine Urne auszusuchen, wenn Sie Ihren Liebling bei sich zu Hause aufbewahren möchten, ansonsten kommt Ihr Schatz in einer einfachen „Pappurne" zu Ihnen zurück und Sie können die Asche an seinem Lieblingsplatz verstreuen. Es gibt auch die Möglichkeit, einen kleinen Teil der Asche in Schmuck verarbeiten zu lassen, sodass man einen Teil seines Hundes immer bei sich trägt. Dies ist übrigens auch mit Fell möglich. Wenn Sie Ihrem Hund vorher keine Strähnen abgeschnitten haben, können Sie die Mitarbeiter des Bestattungsinstituts darum bitten. Zur Kostenersparung ist auch eine Sammelkremierung möglich. Hier werden mehrere Tiere zusammen eingeäschert und die Asche wird auf einem festgelegten Platz verstreut. So hat der Tierhalter zumindest die Möglichkeit, diesen Ort zu besuchen und weiß, wo sein geliebter Hund bestattet wurde, was bei der Abholung vom Tierarzt nicht möglich ist.

Der Vorteil liegt hier klar auf der Hand, man weiß ganz genau, was mit dem Körper passiert. Der Nachteil ist auch hier wieder der finanzielle Aspekt, denn das Ganze hat natürlich seinen Preis. Wenn man sich aber früh genug über solche Themen Gedanken macht, kann man sich auch bei eher kleinem Einkommen monatlich für den Fall der Fälle etwas Geld an die Seite legen.

- **Wissenschaftliche Nutzung**

In seltenen Fällen können Tierkörper zu wissenschaftlichen oder veterinärmedizinischen Zwecken genutzt werden. Dies kann beispielsweise in Ausbildungs- oder Forschungseinrichtungen geschehen, um zukünftige Tiermediziner auszubilden oder um medizinische Untersuchungen durchzuführen. Vorteil ist hier, dass keinerlei Kosten entstehen und Sie noch etwas Gutes für die Wissenschaft tun. Der Nachteil ist hier, dass diese Möglichkeit wirklich eher selten genutzt wird, da die Einrichtungen meist schon gut versorgt sind, und man muss damit leben können, dass an dem geliebten Hund noch gelehrt oder geforscht wird und hat natürlich keine Möglichkeit, ihn an einem Grab zu besuchen.

Aber egal wie Sie sich entscheiden, das Wichtigste ist, dass Sie sich mit dieser Entscheidung wohl fühlen. Lassen Sie sich nicht von Außenstehenden verunsichern oder gar reinreden. Und auch wenn dies wohl das schlimmste Kapitel im Hundeleben ist, so bleiben Ihnen schöne Erinnerungen und diese sollten Sie niemals vergessen.

Auch der Sohn von unserem Finn hat ein stolzes Alter erreicht.

Anhang

Schlusswort

Mit dem Schluss dieses Buches endet auch das Abenteuer meines ersten Werkes. Meine Hoffnung liegt darin, dass ich Ihnen als Tierhalter etwas näherbringen und den Züchtern unter Ihnen wertvolle Tipps geben konnte. Das Leben ist ein fortwährender Lernprozess, der uns stets dazu anhält, uns weiterzuentwickeln und aus unseren Fehlern zu lernen. Wenn Sie in der Vergangenheit Fehler begangen haben, erinnern Sie sich daran, dass Fehler menschlich sind und dass der wahre Wert darin liegt, aus ihnen zu wachsen.
Ich möchte mich herzlich für Ihr Vertrauen in mich und mein Buch bedanken und freue mich, dass wir gemeinsam diesen Weg gegangen sind. Für alles, was die Zukunft bringt, wünsche ich Ihnen und Ihrem treuen Begleiter nur das Beste.

Kerstin Fingerhut-Pluskat

Danksagung

Ein Dankeschön darf an dieser Stelle nicht fehlen. Dieses möchte ich an erster Stelle Martina Doritke zuteilwerden lassen. Denn dank ihr kam ich zu meinem ersten Aussie, meinem Finn, der mein absoluter Seelenhund wurde und unvergessen bleibt. Sein wundervoller Charakter animierte mich dazu, in die Zucht einzusteigen. Ohne ihn wären meine Zucht und dieses Buch niemals entstanden.

Dann möchte ich meiner Familie danken, die immer hinter mir steht, auch wenn es manchmal anstrengend wird und es sich gefühlt nur um die Vierbeiner dreht. Ich liebe Euch über alles!

Ich danke meiner Mama, die leider nicht mehr erleben darf, dass ich meinen Traum von einer Zucht und einem Buch verwirklicht habe. Sie war es, die mich mit dem Hundevirus infiziert hat, die mich damals unterstützt hat, wo es nur ging, sei es auf Turniere oder zum Hütetraining zu fahren, mir ermöglichte im Hundesport zu wachsen und sich nachher mit drei Hunden „rumschlagen" musste, obwohl eigentlich nie mehr als einer geplant war. Und auch sonst stand sie bis zum Ende einfach immer hinter mir. Dafür bin ich ihr unendlich dankbar und schicke ihr einen Gruß in den Himmel. Danke, Mama!

Danke an meine beste Freundin Angelina Mlinaric. Seit Kindesbeinen kennen wir uns. Wir sind zusammen aufgewachsen, bis uns die Zechenschließung trennte. Wir haben viel zusammen erlebt und vor allem der Hundesport hat uns verbunden. Deine Mama, die schon fast wie eine Mutter für mich war, ist unsere Trainerin gewesen, wir haben viel gelacht und manchmal auch zusammen geweint. Aber egal was kam, auch wenn uns mittlerweile viele Kilometer trennen, wir waren und sind immer füreinander da. Auf dass diese Freundschaft weitere 30 Jahre und länger erhalten bleibt! Auch für Angis Mama möchte ich Grüße in den Himmel schicken, die wie meine Mutter viel zu früh an den Folgen von Krebs verstorben ist. Danke Sabine, du bleibst unvergessen!

Danke an die Züchter, die mich unterstützt haben, sei es mit Infos, Bildern oder einfach mit einem offenen Ohr, wenn ich vor lauter Buchstaben im Kopf keinen vernünftigen Satz mehr niedergeschrieben bekommen habe. Vor allem danke an dich liebe Silke, durch deine Erfahrung als langjährige Züchterin und selbst auch Buchautorin, hast du mir das ein oder andere Mal sehr geholfen, und auch an Ronja Schacht, die mir dieses wunderschöne Cover und weitere Bilder zur Verfügung stellte.

Aber ich glaube mit das größte Dankeschön geht an meine Welpenkäufer und Aussieliebhaber, die ganz viel Vertrauen in mich gesetzt haben und immer wieder um Rat fragen und mir bestätigen, dass das, was ich tue, der richtige Weg ist. Wenn man plötzlich ein Paket geliefert bekommt von einer Person, die man vorher nie persönlich getroffen hat, nur eben mit Rat und Tat zur Seite stand, und in diesem Paket als Dankeschön wunderschöne Geschenke und eine Karte mit rührenden Worten bekommt, dann hat man das Gefühl, es kann ja gar nicht so falsch sein, was man da „treibt". Genau solche Momente motivieren immer weiterzumachen, auch wenn nicht immer alles rosarot ist.

Ein großes Dankeschön geht auch an den Verlag und speziell an Frau Dr. Lehari, die es mir ermöglicht haben, den Traum vom eigenen Buch zu verwirklichen.

Ohne Euch alle würde es dieses Werk nicht geben,
ich danke Euch von Herzen!

Dieses Buch möchte ich meinem verstorbenen Rüden Finn, meinem Mann Tobias und meiner Tochter Leah Joleen Fingerhut widmen, die dabei ist, in Mamas Fußstapfen zu treten. Ich liebe euch, danke für alles!

Nützliche Links und Adressen

Verbände und Vereine

Club für Australian Shepherd Deutschland e.V. (CASD)
Erster und einziger VDH/FCI angeschlossener Zuchtverein für Australian Shepherds in Deutschland
https://www.casd-aussies.de

Australian Shepherd Club of America Inc. (ASCA)
Älteste und größte Australian Shepherd Registrierungsstelle weltweit, Sitz in Texas, USA
https://asca.org

Fédération Cynologique Internationale (FCI)
Weltorganisation für Kynologie mit jeweils einem stellvertretenden Verband für jedes Land, in Deutschland der VDH
https://www.fci.be/de/

Verband für das Deutsche Hundewesen e.V. (VDH)
Übergeordneter deutscher Verband, der 240 Hunderassen sowie ca. 160 Hunde-Vereine in Deutschland umfasst
https://www.vdh.de/home/

Australian Shepherd Club Deutschland e.V. (ASCD)
ASCA angeschlossener Zuchtverein mit Sitz in Deutschland, Ausrichter von ASCA Conformation Shows und Obedience Trials
https://ascdev.de

Versatility Australian Shepherd Club e.V. (VASC)
ASCA angeschlossener Event-Verein mit Sitz in Deutschland, Ausrichter von ASCA Conformation Shows sowie Obedience- und Agility Trials

Western Europe Working Australian Shepherd Club e.V. (WEWASC)
ASCA angeschlossener Verein zur Zucht, Erhaltung und Förderung von arbeitenden Aussies, Ausrichter von Hüte- und Obedience Trials
https://wewasc.com

AVSA e.V. asvaev - ASVA
ASCA angeschlossener Verein mit Sitz in Deutschland, Ausrichter von ASCA Conformation Shows sowie Obedience Trials
https://www.asvaev.net

Australian Shepherd Association Germany e.V. (ASAG)
Zusammenschluss von Aussieliebhabern, Veranstalter von Seminaren in Deutschland
http://www.asagev.de/de/

American Kennel Club Inc. (AKC)
Übergeordneter amerikanischer Verband, der 150 Hunderassen sowie ca. 5000 Hunde-Vereine in den USA umfasst, FCI-Vertragspartner
https://www.akc.org

United States Australian Shepherd Association (USASA)
Erster und einziger dem AKC angeschlossener Zuchtverein für Australian Shepherds in USA
https://australianshepherds.org

Rund um den Aussie

Aussie.de www.aussie.de (viele Infos zum Aussie und Pedigree Datenbank)
Legacy of Thimble www.legacy-of-thimble.de (Unsere Homepage; bei Instagram finden Sie uns unter „TheThimbles".)
Meine Facebookgruppe rund um den Aussie: Australian Shepherd – Das Original
Facebookgruppe: Australian Shepherd Freunde Deutschland
Facebookgruppe: Mini Australian Shepherd Europaweit

Gesundheit

Laboklin www.laboklin.com (Labor für genetische Erkrankungen)
Certagen www.certagen.de (Labor für genetische Erkrankungen und einziges Labor in Deutschland, welches der ASCA für das DNA-Profil anerkennt)
CombiBreed www.combibreed.de
Anicura Ahlen www.anicura.de/standorte/ahlen/ (Auswertungsstelle für Röntgendiagnostik)
EVG https://eurovetgene.com/de (Hier kann die Länge der Basenpaare des M-Lokus bestimmt werden.)

Australian Shepherd Health & Genetics Institute (ASHGI)
Organisation in USA, die sich mit der Genetik von Erbkrankheiten beim Australian Shepherd befasst, Pedigrees auswertet (C.A.Sharp) und Langzeit-Studien durchführt. Mittlerweile leider nicht mehr aktiv, dennoch ist die Homepage und die Datenbank sehr empfehlenswert.
https://www.ashgi.org

Orthopedic Foundation for Animals (OFA)
Organisation in USA, die sich mit orthopädischen Krankheiten wie Hüft- und Ellbogendysplasie befasst und entsprechende Auswertungen und Registrierungen vornimmt
https://ofa.org

Dortmunder Kreis (DOK)
Gesellschaft für Diagnostik genetisch bedingter Augenerkrankungen, Zusammenschluss von Ophtalmologen (speziellen Augen-Fachtierärzten), Untersuchung und Erfassung erblicher Augen-Krankheiten in Deutschland https://www.dok-vet.de/Pub/Default.aspx

Veterinärmedizin Uni Gießen
Institut für Pharmakologie und Toxikologie: Projektgruppe, die den MDR1-Defekt bei collieartigen Hunden mittels Blutuntersuchung + Gen-Test feststellt und erforscht

Gesellschaft f. Röntgendiagnostik gen. beeinfl. Skeletterkrankungen b. Kleintieren (GRSK)
Zentrale Auswertungsstelle von Röntgenaufnahmen zur Bekämpfung genetisch bedingter Skeletterkrankungen wie HD, ED, OCD usw., mit Adressen offizieller HD-Gutachter
https://www.grsk.org

Versicherung

Benjamin Strecker www.strecker-versicherungen.de (Versicherungsmakler für Haftpflicht-, OP- und Krankenversicherung)

Zum Weiterlesen

Bohne, Claudia: Hundezucht – Es liegt in unserer Hand! Oertel+Spörer, 2022.

Fallscheer, Ute: Der Weg zum guten Hundeführer. Oertel+Spörer, 2018.

Gelhaus, Nadine: Futterfibel. Hunde gesund ernähren. Oertel+Spörer, 2013.

Göbel, Michaela: Taube Hunde. Umgang – Erziehung – Ausbildung. 2. Auflage. Oertel+Spörer, 2021.

Hartmann, Michael: Patient Hund. 3. Auflage, Oertel+Spörer, 2021.

Horst, Harmke: Personenspürhunde im Einsatz und Training. Oertel+Spörer, 2022.

Howald, Erika: Wenn Hunde das Sagen hätten ... würden sie Menschen anleinen. Oertel+Spörer, 2017.

Jansen, Karin: Rassespezifisches Territorialverhalten bei Hunden – Richtiges Verständnis und Erziehung. 2. Auflage, Oertel+Spörer, 2018.

Kolbe, Katrin und Lehari, Gabriele: Nasenarbeit. Oertel+Spörer, 2013.

Kolbe, Katrin: Wie Hunde lernen. Oertel+Spörer, 2016.

Koller, Raphaela: BARF-Rezepte. 4. Auflage, Oertel+Spörer, 2015.

Küng, Silvia: Sozialpartner Hund. Oertel+Spörer, 2016.

Müller, Anja Carmen und Lehari, Gabriele: Der Therapiehund. Oertel+Spörer, 2023.

Nehmet, Manuela: Beschwichtigen, Drohen oder nur Spielen? Die Signale des Hundes richtig deuten. Oertel+Spörer, 2017.

Nehmet, Manuela: Shapen. Positive Verstärkung in der Hundeerziehung mit Markersignalen. Oertel+Spörer, 2018.

Prekop, Yvonne: Waldbaden mit Hund. 2. Auflage, Oertel+Spörer, 2023.

Reichenbach, Uta: Wie Hunde kommunizieren. Oertel+Spörer, 2011.

Röthig, Doris: Rettungshundeausbildung zur Flächensuche. 2. Auflage. Oertel+Spörer, 2016.

Ruhsam, Kerstin: Aromatherapie für Hunde. 3. Auflage, Oertel+Spörer, 2022.

Schilling, Ines: Fahrradfahren mit Hund. Oertel+Spörer, 2021.

Viehweger, Marjam: Ernährungsberater für Hunde. Oertel+Spörer, 2020.

Werner, Tina: Wellness für Hunde. Massage und Physiotherapie für jeden Tag. 2. Auflage, Oertel+Spörer, 2016.